就是要素颜

张子璇 ♥ 编著

吉林科学技术出版社

图书在版编目（ＣＩＰ）数据

就是要素颜 / 张子璇编著. —— 长春：吉林科学技术出版
社，2013.8
ISBN 978-7-5384-7017-8

Ⅰ. ①就… Ⅱ. ①张… Ⅲ. ①女性－皮肤－护理－基
本知识 Ⅳ. ①TS974.1
中国版本图书馆CIP数据核字(2013)第200722号

就是要素颜

编　　著	张子璇								
编　　委	张　旭	杨　柳	朴怡妮	何　陆	叶灵芳	崔　哲	杨　雨	赵　琳	安孟稼	李雅楠
	党　燕	张信萍	韩杨子	李春燕	刘　丹	王　斌	王治平	黄铁政	高　甄	刘　波
	刘辰阳	江理华	陈　晨	赵嘉怡	王超男	李　娟	杨　嘉	赵伟宁	王萃萍	何瑛琳
	张　颖	刘思琪	汪小梅	吴雅静	许　佳	姜　毅	周　雨	郑伟娟	康占菊	宋　磊
	程　峥	蔡聪颖	王　清	王　欣	王　杨	肖雅兰	张　健	高　原	尚　飞	宋　丹
	王　钊	苑思琦	李　娟	李志滨						

出 版 人　李　梁
选题策划　美型社•天顶矩图书工作室（Z.STUDIO）张　旭
策划责任编辑　冯　越
执行责任编辑　任思诺
封面设计　美型社•天顶矩图书工作室（Z.STUDIO）
内文设计　美型社•天顶矩图书工作室（Z.STUDIO）
开　　本　780mm×1460mm　1/24
字　　数　280千字
印　　张　7.5
版　　次　2014年6月第1版
印　　次　2014年6月第1次印刷

出　　版　吉林科学技术出版社
发　　行　吉林科学技术出版社
地　　址　长春市人民大街4646号
邮　　编　130021
发行部电话/传真　0431-85635181　85635177　85651759
　　　　　　　　　　85651628　85600611　85635176
储运部电话　0431-86059116
编辑部电话　0431-85659498
网　　址　www.jlstp.net
印　　刷　长春新华印刷集团有限公司

书　　号　ISBN 978-7-5384-7017-8
定　　价　35.00元

只要养出好肌底 素颜谁还怕!

皮肤是伴随一生的"蜜友"

　　晒美照，磨了半天皮才敢上传？不下狠手往脸上堆厚厚的粉就不敢出门？这样的窘况你是否也曾遇到。化妆确实可以提升整体印象，这点毋庸置疑。但需要强调的是：一张淡而无华的面孔，仅仅靠化妆是无法显现生机的！而清透水润的肌肤，让人充满自信，即使素面，也可以自由展现货真价实的好肤质。

　　与生俱来的好底子羡煞旁人，可这个资本可以挥霍多少时间？突然有一天发现"蛋壳肌"变"柠檬脸"，再想挽救时要做的努力，可远远比提前预防来得更败家、更困难！其实，在美容资讯、护肤神器大爆炸的现今，持之以恒，脚踏实地，平平实实的词语显得更有分量。

　　本书编著者并不奢望每个方法都能"解千愁"，只是真诚希望所有女性都可以掌握获得自信的捷径，在人生的苍穹中，美得更久远，美得更真实！

基本款护肤品与工具选用技巧
变美！从认清护肤用品开始

1. 洁面乳

使用特点： 洁面无疑是护肤至关重要的一环。干燥且敏感肤质不宜使用清洁力过强的产品，最适合性质温和的水溶性无泡型洁面乳。解决出油问题得从清洁做起，具有控油平衡作用的洁面乳是油性肌肤的最佳选择，丰富细腻的泡沫能深入清洁毛孔，减少油脂的形成，又不会太刺激肌肤。除了乳状产品，洁面皂和洁面摩丝要选择"无皂基"和"弱酸性"的，否则长时间使用 pH 值约为 8 的偏碱性清洁品，容易引发或加剧皮肤干燥。

2. 化妆水

使用特点： 化妆水，在洁面后护肤第一步就能帮助改善肤质。保湿化妆水适合所有肌肤，针对干燥皮肤具有保湿效果，而油性肌肤易出油也是由于缺水，也适合使用保湿化妆水。收敛水适合毛孔粗大的油性、混合性肌肤、易长痘痘的肤质，敷完泥质面膜后也要收敛水来收缩毛孔，以免因为深层清洁而撑大毛孔。柔软水具有去角质功效，借助化妆棉轻擦肌肤，有助于除去多余角质使肌肤变得柔软，后续护肤品就很容易被吸收，一般洗脸后使用，适合肤色较黯淡的油性、混合性肤质，但不适合敏感肤质。

3. 乳液

使用特点： 乳液是一种液态护肤品，含水量大，倒在手上时可以流动。乳液中含有 10%～80% 的水分，可以直接给皮肤补充水分，使皮肤保持湿润；乳液还含有少量油分，涂在皮肤上除了能迅速补足皮肤所需要的脂质外，还能建构一层水润的皮脂膜，防止水分流失。乳液其实大多是为干性肌肤设计的，但如果乳液上的标明"清爽型"，就说明它的含油量少一些，更适合混合型皮肤或油性肌肤使用。白天考虑到紫外线因素，使用防晒乳液。

4、防晒隔离霜

使用特点： 出门前的头一件大事，就是使用防晒隔离产品。防晒霜是单纯具有防晒效果的护肤品，而隔离霜除了具有防晒功能，还添加了抗氧化成分、维生素成分。有的还具有调整肤色的功能。而在面对烈日和户外活动频繁的情况下，防晒霜的高倍数和专业性更有保障。如果长时间在室内工作，可以使用SPF30左右的隔离霜。油性、痘痘皮肤应该选购渗透力较强的水剂型、无油配方的防晒霜，使用起来清爽不油腻，不堵塞毛孔。不要使用防晒油，物理性防晒类的产品慎用。但是当痘痘比较严重、发炎或者皮肤破损，就要暂停使用防晒霜，出门的时候只能采用遮挡的物理方法防晒。干性肌肤要选用质地滋润，并添加补水、增强肌肤免疫力功效的防晒霜。为安全起见，敏感性皮肤推荐选择专业针对敏感肤质的物理性防晒品。

5、肌底液

使用特点： 肌底液，需要搭配其他护肤品，否则和普通化妆水无异。肌底液可以促进后续产品的吸收。用于精华液和面霜前。适合角质层粗糙的干性肌肤。肌底液呈弱酸或偏中性，使用时要避免和酸性成分如水杨酸、果酸、左旋维生素C（10%以上）等精华液一起使用。

6、精华液

使用特点： 精华素含有较高、较精纯的活性美容成分。是一种密集护理产品，精华液中的透明质酸等保湿成分浓度高于普通化妆水、乳液、面霜等产品，所以熟龄肌肤应该使用特效精华液。年轻肌肤如果眼周容易产生小细纹，也可以适量补充精华液。精华液要在洁面、化妆水、肌底液后使用。不要使用在乳液或面霜后，否则功效会大打折扣。

7、面霜

使用特点： 面霜质地较浓稠，在精华液后使用，可以长时间滋润肌肤，提供细胞更多营养成分，所以更适合偏干的肤质使用。面霜又分为日霜、晚霜，日霜用于保湿防护，晚霜用于滋养修复。年轻肌肤新陈代谢能力旺盛，能提供基本的保湿滋润，无需使用晚霜。而如果肌肤出现缺水、黯沉、新陈代谢速度减缓、弹力变差等老化问题，就要在肌肤吸收能力最好的晚间时段，集中给予皮肤滋养。

8、眼霜

使用特点： 眼霜是质地最为滋润的眼部护理产品，种类非常丰富，选购前要先了解自己有什么样的眼部问题。很多人认为眼霜适合熟龄肌肤，且过于滋润的质地会引起脂肪粒，事实上，如果肤质较干燥或长期处于干燥环境，20 岁就可以开始使用眼霜；如果肌肤状态较好，可以在 25 岁后再开始使用。另外，脂肪粒的形成不仅与眼霜质地有关系，更重要的是涂抹时的手法，要用指腹轻拍眼周肌肤，促进皮肤充分吸收，就可以最大限度地避免油腻感和脂肪粒的出现。需要明白的一点是，消除已经生成的细纹要比预防第一条细纹难得多。

9、面膜

使用特点： 面膜是基础护理中必不可少的护肤品，虽然不像涂抹精华液那样方便，但比其他保养品都见效快。这也是"敷面膜"的独有优势，是普通乳液、精华液都无法达到的。水洗面膜主要作用是去除老废角质，让毛孔能顺畅呼吸，保证充分吸收后续保养品。纸质面膜不用多说，出门前只需花上 10 分钟左右就能迅速调理肌肤水润度，不过通常没有清洁效果，基本上适合所有肌肤类型。但是由于纸质面膜是通过覆盖而使皮肤温度升高，促进养分吸收，所以对于油性皮肤来说敷的时间不能过长，否则出油状况会更严重。粘土面膜清洁效果较好，适合油性、混合性肌肤。使用面膜前要进行彻底的洁面，必要时需要做软化或去除角质的护理，这样更有利于面膜中有效成分的吸收。

10、化妆棉

使用特点： 众所周知，手是最温和的美容工具。但对于角质层粗糙，油脂分泌旺盛的肌肤，使用化妆棉来涂化妆水、乳液，既能滋润肌肤，不会导致多余油分附着在肌肤上，又可以清除附着在毛孔周围的老化角质，使肤质变得细腻、通透。但是如果角质层天生较薄的敏感肌肤，或处于炎症期的痘痘肌肤，泛红的损伤肌肤，并不适合使用化妆棉。如涂化妆水时，干性及敏感肌肤要尽可能避免摩擦，用指腹拍按即可。过度擦试会刺激原本就易长皱纹的干性肌肤。

对于不同肤质和年龄的皮肤来说，护理重点会有相应的不同之处，但是无论任何年龄段、任何肤质，无论肌肤状况是长痘痘还是过敏，在任何情况下都要做好基础护理：清洁、保湿、防晒和抗氧化，这是延缓肌肤衰老的关键所在。

第一章

每日的基础护肤

洁面环节（一）

肤质，决定了方法

❀ 改善问题先从皮肤状态入手

肤质分为干性、中性、油性、混合性和敏感性，是皮肤多样化所形成的特殊属性及特征，不同肤质有不同的护理方法与适合的护肤品。有针对性的护理能更有效地保持肌肤健康。

■ 干性肤质

皮肤看上去很细腻，毛孔不明显，不会感觉油腻，干性皮肤的pH值为5.5～6.0，由于角质层水分低于10%，皮脂分泌少，所以会出现干燥、缺少光泽、产生细纹等问题。这些皮肤问题主要由于皮肤表层缺少水分，表皮细胞间的细胞间质结构不完整，皮脂腺分泌不足所导致。

在选择护肤品时不能只考虑补水，还要考虑补充油脂。

护肤要点

干性肤质可分为"干性缺水"和"干性缺油"两种。"干性缺水"皮肤的皮脂分泌正常，但护理不当会造成肌肤严重缺水，水油失衡，刺激皮脂腺分泌增加，造成一种"外油内干"的局面。"干性缺油"皮肤的皮脂分泌少，肌肤不能及时而充分地锁水，单纯补水的话，补得快但蒸发得也快，造成"越补越干"的恶性循环。所以，护理时不能只考虑补水，还要考虑补充油脂。

■ 敏感性肤质

易敏感是一种问题性皮肤，任何肤质中都可能有敏感性肌肤。这类皮肤十分容易受环境因素、季节变化及面部护肤品的刺激而致敏，通常受遗传因素影响。由于皮肤较薄，肤色不匀，受外界刺激易出现发热、瘙痒、刺痛等，严重时甚至出现红肿，而炎症消除后经常会留下斑点或印痕等。

护肤要点

对于易敏感的皮肤，首先要注重保湿。增加皮肤含水量，从而提高皮肤的屏障功能，皮肤抵抗力一旦增强，就能阻隔外界物质对皮肤的刺激。另外，也要做好防晒工作，减少紫外线刺激肌肤而致敏。

最基本的保湿是提高肌肤抗敏功能的基础。

油性肤质

满脸油光的油性皮肤，主要由于皮脂腺过度亢奋，分泌过量油脂所致。通常青春期肌肤会偏油，熬夜以及压力也会使皮肤偏油。这种肤质的毛孔显粗大，皮肤显得粗糙，皮脂分泌过剩使污垢易附着在皮肤表面而形成粉刺。但又由于油脂分泌多，形成了一层天然的保湿屏障，帮助皮肤保水，对外界刺激的耐受性强，皮肤更润泽而富有弹性，不容易产生细纹。

控油与补水要同时进行才是正解！

护肤要点

只控油、吸油，而不补水，皮肤就会不断分泌更多油脂以补充大量流失的油脂，逐渐导致"越控越油"的局面。清洁、去角质可以清除多余油脂，但是减低油脂分泌才是治本，要做到这一点，就要保住肌肤内部的水分，又不增加油脂负担，所以，护肤品适合选择清爽的无油配方保湿露、保湿凝胶。

混合性肤质

面部同时存在两种不同皮肤状态的混合型肤质，是最为常见的肤质。主要表现在T区等偏面部中央处的油脂分泌较多，毛孔也显得粗大，容易长粉刺、暗疮，显现偏油性的皮肤状态。而脸颊等部位较干燥，显现偏干性的皮肤状态。青春期后肌肤通常看起来光滑而有弹性，但是额头、鼻子、下巴容易油腻，而脸颊容易有紧绷感。混合性皮肤的特性会随着季节而变化，春夏季易混合偏油，秋冬季易混合偏干。

护肤要点

对于两种性质共存的混合型来说，需要平衡T区和脸颊的不同保养需求。针对不同的部位分别对待，容易干燥的部位注重保湿滋润，偏油部位要清爽补水，清洁易出油部位的毛孔，预防粉刺、暗疮。

一张面孔要两种对待，护肤品也要分开用。

洁面环节（二）

面部清洁是第一关

❀ 做好清洁是好皮肤的开始

在所有护肤程序中，"清洁"是第一步，如果这一关卡没有做彻底，接下来就算给皮肤用再昂贵的滋养和有效保养成分，肌肤还是无法吸收，所以掌握正确的清洁方法很重要。

■ 日常洁面

洁面是一切护肤程序的开始，一方面有效清除污垢，打通肌肤的吸收通道，另一方面又不会过度清洁肌肤，导致干燥敏感的产生，这才是正确科学的洁面方式。

1 取适量洁面乳，每次用量为1～1.5厘米就可以。将洁面乳在手掌中慢慢地加水调出泡沫，避免加水过多太湿，使泡沫打不细腻。

2 先从最容易出油的额头及鼻翼开始清洁，用指腹打圈揉搓去除污垢。然后由眉心向两侧用一边按摩一边清洁的手法清洁额头部位。

小提示

指腹是最好的洗脸工具

一般的洁面产品已具备足够的清洁能力，无需再借助其他工具来提升清洁力，反而是这些洁面工具的纹理有可能对肌肤造成伤害，使得肌肤提早老化。所以平时只需要用指腹轻轻按摩，就能有良好的清洁效果。如果有需要也要选择质地柔软的洁面工具，加强清洁效果。

3 纵向呈螺旋形滑动的方式，由内向外、由上到下，分别轻柔地打圈按摩脸颊至太阳穴，下颌至耳际部位。

4 用36℃～37℃的温水将脸上的泡沫冲洗干净，发际线部位要冲洗干净，否则易产生粉刺或痘痘。

■ 化妆水

化妆水通过肌肤的角质层到达皮肤表层，功效就是调整皮肤，不仅可以镇静皮肤表面，而且还起到导入的作用，能够帮助后续的化妆品，如精华液和乳液更好地渗透进皮肤。

用化妆水二次清洁

化妆水兼有为肌肤二次清洁和保湿的双重作用，既避免了面霜的油腻感，又能给脸部补充足够的水分，使水油恢复平衡；借助化妆棉涂抹，还能将多余污垢与皮屑清除，并且软化角质层，使皮肤柔软、湿润，有利于吸收养分。有的还兼具收敛毛孔、控油的作用。

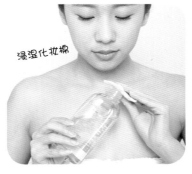

1 在化妆棉上倒足量化妆水。可以将化妆棉先用水浸湿，去除多余水分后再蘸取化妆水，节省化妆水用量。

2 握住化妆棉，先从颈部开始擦拭，按照由下至上的顺序，提升颈部肌肤。

3 将化妆棉换一面，慢慢地擦拭两侧脸颊，并轻轻按压，带走脸上残留的污物。

4 重新换一张化妆棉，蘸上化妆水后，从上向下地擦拭T区。

5 清洁鼻子两侧。将化妆棉翻一个面，小心清洁鼻子两侧。

6 双手轻轻拍打脸颊。拍完化妆水轻抚脸庞，用手心温度使养分渗透肌肤底层。

调整肌肤pH值

　　清洁肌肤后，要及时进行水分补充，洗完脸 90 秒后，皮肤容易达到干燥的最高点，所以要尽快涂抹化妆水，恢复正常的皮脂膜 pH 酸碱值。大部分化妆水仅仅用手轻拍是无法完全将水分导入肌肤的，需要配合棉片一起使用达到浸润、渗透的功效。

1 用足量化妆水浸润化妆棉，确保正反两面都浸透。以轻轻拍按的方式充分渗透肌肤。

2 鼻翼等细节处部位用化妆棉仔细按压涂抹。注意要擦得均匀，但要避开眼部周围。

3 用双手包住脸部，以手掌温度和密封效果，使营养成分深层渗透肌肤。

用保湿化妆水柔肤

　　保湿型化妆水的质地大都比较轻薄，因此很适合用化妆棉擦拭来促进肌肤的吸收，在软化角质的同时可以给肌肤补水，是每天都可以做的保湿护理。

小提示

先将棉片分层撕开成薄薄一片

1 让化妆水充分浸润棉片，大约每次3毫升左右，充分浸润棉片却又不会滴落的程度。

2 将棉片覆盖在脸上，用手指轻轻按压，让化妆水充分附着在肌肤上。再轻轻擦拭全脸，让化妆水渗透进肌肤。

凝露型化妆水用手涂

　　质地较浓稠的凝露型化妆水应直接用手涂抹。在手掌上倒一元硬币大小的凝露化妆水，用指腹蘸取，从脸部中央开始向外侧延展开，不要轻拍，而是像涂乳液一样推抹。

■ 不同肤质的洁面重点

洗脸时一定要针对不同的肤质选择洁面产品，才可以彻底清除每种肌肤特有的污垢，使皮肤吸收力发挥最大限度，创造水嫩润泽的肌底。

干性肌肤 ◢

□香皂碱性较大，会使皮肤越洗越干，可使用皂碱含量少或是不含皂碱的洗面乳洗脸，洗起来泡沫没那么多，洗后也不会干涩。干性皮肤尤其不能使用热水。

□推荐使用以天然植物，如洋甘菊、杏仁油等所提炼的不含皂碱的保湿洗面乳，可净化毛细孔及表皮皮肤，改善干燥现象，也具有镇静、舒缓皮肤的功效。

痘痘肌肤 ◢

□不宜使用温度过低的冷水洗脸，冷水能使毛孔收缩，无法洗净堆积于脸部的大量皮质、尘埃以及化妆品残留物等，不但不能达到美容的效果，反而容易造成毛孔阻塞，引发或加重痘痘等问题。

□早晚使用含天然活性成分的控油型清洁产品，可深度净化皮肤，平衡油脂的分泌。

混合型肌肤 ◢

□在T区部位油脂分泌较多，洗脸时要加强按摩，尤其鼻子及鼻翼部位，因为容易产生粉刺，更要彻底洗净。

□春夏季节油脂分泌较多，需要保持皮肤清爽，注意毛孔收敛；秋冬季节更要注重保湿。可选用成分温和、萃取自丰富的海洋植物，且适合干性肤质的洗面乳。

敏感性肌肤 ◢

□皂碱虽然去污力强，但容易刺激皮肤，更须避开具有添加香料与酒精的产品，以免引起过敏。

□选择萃取自植物精华成分，专为脆弱皮肤研发的植物性清洁乳或洗面霜。

护肤环节（三）

美容液是"补给站"

❋ 介于调理和修护间的保养品

美容液就像是肌肤的滋补品，可以说是后续保养成分的前导修护成分，目的是让保养效果更加明显，可以叫它为原液或轻型精华液，对于年轻肌肤，可以只用一瓶美容液来完成基础护肤。

■ 眼部美容液

眼周等易干燥部位可以重复使用美容液，增强保湿效果。多功能性的美容液不仅能够对干纹等问题进行护理，而且可以增加皮肤弹性，消除眼部肌肤干燥等。早上可以在上妆前作为眼部打底使用。

基本手法 ▲

1 取黄豆粒大小的眼部美容液，并用指腹搓揉，利用热度唤醒美容成分。

2 用指腹将美容液轻轻涂于眼部肌肤，先从眉骨上方再到太阳穴都要涂到。

3 用指腹从眼角开始到上眼睑到眼尾再到下眼睑画圈按摩，淡化眼角细纹。

4 用手指像弹钢琴般轻轻弹眼袋100下左右，排除多余水分。

边涂抹边按压 ▲

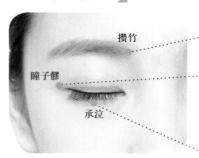

攒竹：位于眉毛内端，即眉头处。

瞳子髎：位于眼睛外侧1厘米处。

承泣：位于瞳孔直视时的正下方，眼球与眼眶下缘之间。

■ 渗透式涂美容液

拍爽肤水后涂抹美容液，美容液要在皮肤最湿润的时候使用效果才最好。在脸上轻拍并稍加按摩，吸收会更快。

1 将美容液倒入掌心，轻轻揉搓后将掌心贴在脸颊处，使美容液充分地被肌肤吸收。

2 用中指和无名指指腹绕眼部和唇部画圈，慢慢使指腹上的美容液被充分吸收。

3 用手心轻压额头，将剩余的美容液涂抹在额头处，然后用指腹从下而上轻按。

4 用指腹由内而外、由下而上将美容液涂抹在鼻部，轻轻按揉，鼻翼部分轻轻画圈。

5 用中指和无名指轻轻按压眼部周围，并轻轻地进行按摩。

6 最后用中指和无名指的指尖沿着脸部轮廓线轻轻按揉。

  小提示

你需要美容液吗

具有多种保养功效的美容液，就像清爽版的精华液，对于年轻肌肤或夏季，只用一瓶美容液就足够了，但对于出现老化问题的成熟肌肤，就要准备成分更多、功效更准确的美容液，让后续护肤品成分得到更好地吸收。

护肤环节（四）

乳液补水又锁水

✄ 流动的质地，温柔呵护肌肤

乳液一般都添加了油脂成分，因此具有较好的滋润效果，能有效缓解干燥紧绷的现象，使皮肤拥有足够脂质。如果皮肤没有太大困扰或年轻肌肤，在清洁调理后，直接涂抹乳液就可以了。

■ 乳液与面霜的使用

乳液除了含有和面霜一样的成分外，最大的特点就是含水量高，乳液的含水量比面霜的含水量多一两倍，面霜质地比乳液要厚一些，保湿效果也比乳液更好。比较适合干燥季节和干性皮肤使用。

乳液涂抹要点 ◢

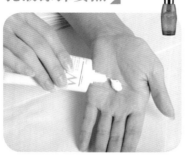  

乳液一般适合干性肤质，但如果注明"清爽型"的话，表示其含油量会少一些，混合性或偏油性的肤质也可以使用。

一般乳液用量不超过化妆水，但如果感到肌肤疲倦或黯沉时，可以加大用量，按乳液、化妆水、乳液的顺序重复涂抹。

对于油腻的肤质，不妨搭配化妆棉来使用，方式就像化妆水一样，取适量乳液在化妆棉上，以画圈的方式涂抹。

面霜涂抹要点 ◢

面霜质地较浓稠，可以长时间滋润肌肤，一般分为日霜、晚霜，日霜用于防护、保湿，晚霜用于修复、滋养。与乳液相比，面霜更适合偏干类型的肤质使用。

先取适量的面霜于掌心，利用掌心搓热后的温度融化面霜后再涂抹到脸上，可以增加面霜的延展力，使肌肤可以更好地吸收营养成分。

■ 边按摩边涂乳液

乳液是一种液态护肤品，含有10%～80%的水分，倒在手上时可以流动，因此，可以边涂抹边按摩，直接给皮肤补充水分，使皮肤保持湿润；乳液还含有少量的油分，涂在皮肤上除了能迅速补足皮肤所需要的脂质之外，还能为皮肤建构一层水润的皮脂膜，防止水分流失。乳液的这种锁水功能也正是其适用于干性肤质的原因。涂乳液加上按摩的动作，才更有利于皮肤的吸收。按摩要从脸的中央部位向外轻轻地按摩推开，直至被皮肤完全吸收。

用手掌加温

1 取适量乳液于干燥的掌心中，用双手轻轻包裹温热。

2 将带有乳液的双掌覆盖在脸上，顺着脸部曲线，手指微弯，静候几秒。

3 在乳液的滋润下，从两颊开始由内向外打圈按摩。

4 用指尖以画小圈的方式按摩鼻翼，再以指腹由上而下轻柔按摩鼻梁。

5 用五指指腹由下往上按摩颈部肌肤5次。

弹，弹，弹

6 用五指的指腹轻弹全脸，然后涂抹面霜。

小提示

哪里易干燥就先涂

乳液并不一定要全脸都涂，而是哪里最干先涂抹哪里，如果还没有使用眼霜的话，就先涂眼周，之后是两颊、嘴角两侧、上下颚等，这些部位涂完之后再涂全脸，这样这些干燥的部位就得到了双重的滋润。

护肤环节（五）

防晒是重中之重

☆ 肌肤老化的元凶就是紫外线

紫外线中的UVA可以侵入肌肤，是加快细胞衰老和肌肤变黑，出现斑点、红肿、皱纹，使肌肤过早老化的元凶；在阳光下暴晒不仅会导致皮肤过敏，而且引发皮肤癌的风险也比常人更大。

■ 什么是紫外线

紫外线不等于阳光，紫外线是太阳射至地球的一种不可见光，可分为长波UVA、中波UVB和超短波UVC。紫外线不但会使皮肤变黑，甚至还会给肌肤带来不可逆转的伤害。

UVA ◢

UVA 占紫外线的98%，它能穿透臭氧层和云层到达地球表面，并穿透大部分透明的玻璃折射进室内，所以又称为"室内紫外线"。

UVB ◢

波长275～320纳米，中等穿透力，其中大部分被臭氧层所吸收，只有不足2%能到达地球表面。

UVC ◢

短波，波长介于200～290纳米，在到达地面前就被臭氧层吸收了，其对皮肤的影响可以忽略。

■ 皮肤变黑的真相

皮肤变黑、形成色斑的主因是黑色素。阻断黑色素形成首要任务就是在下图所示黑色素产生的第一阶段，通过防晒、保湿等手段改善肌肤外界环境，在源头阻碍黑色素着色这一过程。

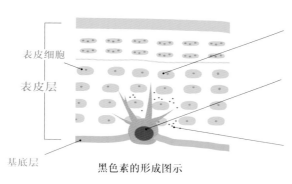

表皮细胞

表皮层

基底层

黑色素的形成图示

第三阶段：黑色素转移
包含着黑色素的肌肤底层细胞，随着新陈代谢逐渐转移到皮肤表层，并形成角质细胞，导致色斑等。

第二阶段：黑色素细胞
在紫外线等因素影响下，加上酶的催化，黑色素小体在皮肤基底层渐渐合并成颗粒较大的黑色素。

第一阶段：黑色素小体
这些黑色素小体像很多散沙，一旦接触外界诱因就会凝聚成黑色素。

■ 防晒指标

使用防晒用品的主要目的是预防紫外线UVA和UVB对皮肤的伤害。选购防晒品时应将"SPF"及"PA"作为参数。一般使用防晒指数为SPA30以上、PA+++的乳液状或防水型防晒霜。选择时还需要注意产品的抗水抗汗性能，才能给你的肌肤更有效的保护。

SPF ◢

有效抵抗 UVB 的防晒系数，防晒品所能发挥的防晒力高低。SPF 值越高，防晒时间越长。SPF 值不同，表示有效防晒时间也不同。

> SPF1：代表可以有效防晒的时间为 15 分钟
> SPF15：15×15=225 分钟（3 小时）
> SPF30：15×30=450 分钟（7 小时）
> SPF40：15×40=600 分钟（10 小时）

SPA20、PA++是常规标准

PA ◢

防晒品防止 UVA 的程度指标。PA 的防御效果被区分为三级，"+"越多，防止 UVA 的效果就越好，有效防护时间也就越长。

> PA＋：有效，防护时长约 4 小时。
> PA＋＋：相当有效，防护时长约 8 小时。
> PA＋＋＋：非常有效，防护时长约 10 小时。

■ 每个细节都要涂到

使用隔离霜或其他防晒的产品，应该静候30秒，等到防晒品中的油分被吸收后，再涂粉底，这样粉底和彩妆不容易花掉。

1 为了避免鼻翼出现防晒死角，一手轻拉脸颊部位，使鼻翼处的褶皱舒展开，另一只手边按压边涂上防晒乳。

2 眼尾处易因细小的褶皱而涂抹不均匀，应用指腹以轻轻点按的手法涂上防晒乳。

3 眉骨上突出的部分与发际线处较容易疏忽，涂完全脸后，局部重复涂抹来加强防晒力。

■ 涂抹防晒霜的要点

　　想达到最好的防晒效果，不仅仅要选择到适合自己的防晒产品，更要掌握正确涂抹防晒霜的手法，这是个细节问题，如果胡乱涂抹一定防晒失败！

1 用量要足够

　　用防晒霜不要吝啬。通常因为怕油腻而不愿多涂，这样会使防护效果达不到防晒品上标注的SPF值。用量至少要多于乳液。

2 顺同一方向抹开

　　由中间向两侧的斜下方轻轻抹开不均匀的防晒品，不要反复在一个地方抹。大面积的涂抹方法会破坏防晒品的结构。

3 重点部位重复涂

　　在额头、鼻梁、颧骨等接触阳光最多的地方重复涂抹。

4 不漏下巴、颈部

　　在涂抹防晒产品时，最容易遗漏的部分就是下巴、后脖颈和耳朵，每次涂抹时都要提醒自己不要忘记。

5 拍按防"搓泥"

　　涂防晒品时容易摩擦出小碎屑，正确方法是用指腹蘸取防晒品，在全脸轻轻拍按。如果已经出现"搓泥"现象，要用刷子轻轻扫除，不要用面巾纸擦拭，以免小碎屑变得更小更多。

6 掌握有效时间

　　防晒霜的隔离成分必须渗透至角质层才能发挥长时间的隔离效果，因此在出门前20分钟就要先擦拭完毕。使用隔离霜或其他防晒品，应静候30秒，等到防晒成分被吸收后再涂粉底等。

■ 晒后及时舒缓

防晒稍微不当，就会导致肌肤晒伤，如果这时第一时间进行修护可能会把伤害的程度降至最低，怎样才是行之有效的方法呢？

晒后10分钟 ◢

对肌肤进行镇定舒缓护理，是晒后紧急应对皮肤敏感的最好办法，帮助肌肤摆脱缺水状态。高温会使麦拉宁色素活性化，让皮肤黑得更快。晒后只要感觉皮肤发红发烫，就尽快用冰水或矿泉喷雾立刻降温，像矽酸盐等矿物质都有舒缓功效，不只抑制发炎，更让黑色素来不及产生。

晚间洁面后，用化妆棉蘸取冰镇过的化妆水冷敷面部。

将化妆棉放入冰镇后化妆水中浸泡，贴在发烫处敷10分钟。

晒后1～4小时 ◢

晒后4小时内为黄金修复期。时间越早，肌肤受损的程度就越小。肌肤表面一旦出现泛红、炽热现象，就必须先降低肌肤表面温度，减少刺激。冰敷要在晒后1小时就进行，如果过迟修护，就容易导致发炎。护理后虽然发热、肿痛感会得到缓解，但皮肤还十分干燥，甚至出现蜕皮现象，应及时做一个补水面膜，快速补足流失的水分。

不同级别的晒后警报 ◢

初级：皮表发热——受轻微刺激
皮肤已经缺水并受到了刺激，导致出现敏感现象。随时用保湿喷雾来冷却肌肤。

中级：皮肤黑红——已达晒伤程度
不及时补救会出现晒斑，先用保湿面膜镇定皮肤。两天后使用美白面膜、修护精华。

高级：热的发痛——皮肤缺水较严重
皮脂膜受到了一定程度的破坏，过一段时间很可能出现细小皲裂。选用一款专业晒后修护产品，其次把护肤品降为最简单、清洁、保湿加防晒即可。避免使用化妆品。

严重级：蜕皮——皮肤炎症已相当严重
如不及时进行修护，很容易损伤皮肤，并且恢复期将会相当长。在化妆棉上喷洒大量的活泉水敷在脸上和身上，并在敷的过程中不断喷水。状况严重的话应及时就医。

23

■ 不同场合的防晒

一般，白天主要在室内，选择SPF30的防晒霜即可。长时间在室外就要选用SPF30以上的防晒品。

室内 ▲

如果每天接触的阳光很少，为了使肌肤舒服透气，使用SPF30以下、PA++的防晒霜或隔离霜即可。以脸部防晒为主，具有不脱妆的防晒产品是更好的选择。另外，要对肌肤进行分时段补水，每隔2～3小时用补水喷雾湿润肌肤。

室外 ▲

喷，喷

外出或在海滨游泳时，选用SPF30以上，PA+++的高系数防晒产品，还要注意产品的抗水抗汗性能。应每隔2～3小时补涂防晒霜，户外游泳者应使用防水型防晒产品。上妆后可以选择喷雾型防晒产品，由于该类产品较轻薄，每次至少喷两层，以保证防晒效果。

不同季节的防晒要点

春季　春季气温回暖，紫外线也逐步增强，加上粉尘和细菌增多，肌肤容易出现过敏和干燥现象。这时应该开始使用隔离霜或带有防晒功能的面霜，防晒系数在SPF15左右的护肤品即可

夏季　夏季防晒的重要性众所周知，无论是出远门，还是去楼下市场买菜，都应该做好防晒工作。有些人认为短时间的日晒不会对皮肤造成什么影响，殊不知，紫外线对皮肤的伤害是具有累积性的，间歇性的伤害也同样会使皮肤产生灼伤。因此，一出门就应该涂抹防晒霜，并且准备好太阳伞、墨镜、浅色衣物等，将防晒工作贯彻到底

秋季　秋季的阳光总是容易被人们忽略，甚至不做任何防护措施就出门，这样做的后果会使整个夏天的防晒成果功亏一篑。秋季的紫外线虽然有云层遮挡，但是大气离子层变薄，加大了紫外线的投射度；而且从秋季开始，人体的新陈代谢减缓，这个时候晒黑的皮肤比起夏季来，更难回到白皙状态。所以，夏季的防晒工作到了秋季应该继续保持，并且还要注意给肌肤增加补水保湿

冬季　冬季的紫外线大幅度减弱，这个时候正好是进行肌肤修复的大好时机，如果护理得当，肌肤能够很快回到清透亮白。但值得注意的是，这时最好依然使用带有一定防晒功能的护肤品，因为冬季在室内呆得比较多，日光灯等照明设备同样含有紫外线，对肌肤有一定伤害，不要使"隐形敌人"破坏了一整年的白皙计划

■ 防晒解答

25岁后靠保养，为了维持肌肤的良好状态，从防晒到洁面，从补水到保湿，只有一点一滴的积累，才能拥有健康的肌肤。

 问题一 选防晒产品是不是 SPF（防晒指数）越高越好？

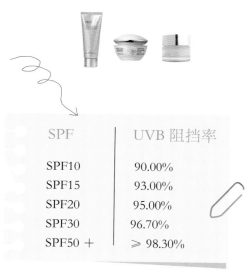

解答： 当 SPF 上升到一定级别时，并不能显著阻挡更多的紫外线，SPF12 以上已经属于高防晒能力产品了。SPF15 即可阻挡 93% 的 UVB，SPF30 则可阻挡 96.7%。而为了提升这 3.7% 的效率，需要使用更多防晒剂。作为纯属体外防护性的成分，防晒剂并不能为皮肤带来任何营养，反而有些成分有刺激和伤害性，增加了皮肤负担。不是长时间在室外烈日下活动的人，使用 SPF15 的防晒霜来防止晒伤已经足够了。

SPF	UVB 阻挡率
SPF10	90.00%
SPF15	93.00%
SPF20	95.00%
SPF30	96.70%
SPF50 +	≥ 98.30%

 问题二 涂完防晒霜后，每隔一段时间都必须再次涂抹？

解答： 如果属于下列情况则不需要补涂防晒霜：

1. 一直处于紫外线较弱的环境中，如室内；
2. 不怎么出汗，不运动，不是经常需要用油腻感纸巾等擦拭的情况下；
3. 防晒霜具有防水功效。一般上班族，也就是早晨上班时会受到较多紫外线的辐射，需要注意防护；中午外出时如果不采用伞、帽子防护，则可能需要补涂一次。下班时多在 6 点钟，紫外线很弱并且会继续减弱至可忽略的程度，所以下班前根本不需要再次补涂。

问题三 无论阴天还是下雨，是否每天都必须涂防晒霜？

解答： 多云天 UVA 辐射强度是晴天的一半左右，而阴雨天仅 10%～20%，加上会打伞遮挡，也不会长时间在户外活动，所以雨天不需要涂抹防晒霜，多云天则需要和晴天一样防晒。

问题四 涂了防晒霜就一定不会晒黑了？

解答： 没有防晒霜能过滤掉所有的 UVA，防护力中等偏高的防晒霜，也只能阻隔 60%～70% 的 UVA，即使定时补涂，在强烈阳光下 4 小时左右也会晒黑。所以不要以为用了 PA+++ 的防晒霜就万事大吉。

问题五 即使在室内也一定要涂上厚厚的防晒霜？

解答： 在办公室、学校、家中这些室内环境里，日光灯、卤素灯、电脑屏下，根本不需要防晒，因为这些光源辐射的紫外线强度基本可以忽略。在室内活动，工作为主的人，在窗边坐着的人，需要考虑轻度防晒。而夏天只用一种倍数的防晒霜是不明智的，要根据实际所处的环境来选择适合的倍数。通常户外、海边适用的防晒品系数较高，质地也会较厚重，长期使用容易产生痘痘、粉刺。因此，室内、阴天使用防晒系数较低，质地较清爽的防晒品。

问题六 防晒霜必须在出门前 30 分钟涂抹才有效？

解答： 防晒霜抹上去就有效，不管是物理的还是化学的，刚抹上和等一段时间，防护力并没有明显的差别。而且，防晒霜只有覆盖在皮肤表面才有作用，不需要被吸收到皮肤中去。化学防晒霜甚至要考虑阻渗系统以防止化学防晒剂被吸收而产生细胞光毒性。

护肤环节（六）

卸掉彩妆与油污

✿ 让皮肤恢复自由畅快的呼吸

一般洁面品只能去除汗液、污垢、死皮角质、油脂和亲水性的护肤品，而对于含有强油分、色素、凝固剂等彩妆品，还是要靠专用卸妆品清除，尤其是去除防水彩妆品。

■ 不同卸妆品的用法

卸妆品要根据妆容浓淡、防水性及肤质来选择，才能在彻底卸妆后使肌肤恢复爽洁，减少对肌肤造成伤害。卸妆品不能代替洁面品，卸妆与洁面两个步骤都不可省略或替代，不要马虎了事。长期卸妆不净，皮肤会变得黯沉无光泽及黑眼圈。做好清洁是好皮肤的第一步！

卸妆油 ▲

卸妆油即使浓妆也能彻底清除，溶解彩妆的同时，还能深层清洁毛孔。适合油性皮肤使用。遇水即乳化成泡沫，卸妆后肌肤感觉滋润，但较强的清洁力可能导致皮肤干燥。

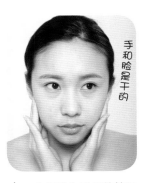

手和脸是干的

1 在干脸与干手的情况下将卸妆油均匀地涂抹在全脸，然后进行打圈按摩，不要超过一分钟。

加水乳化

2 边在脸上添加少量水，边打圈使卸妆油开始变白乳化，仔细按摩，慢慢加水，直至皮肤越来越水润。

3 将40℃左右的温毛巾湿敷在脸上，可以打开毛孔、软化角质，热敷大约3分钟。

4 最后用流动的水洗去老废角质，一定要认真完成乳化的按摩，使卸妆油在遇水之后充分乳化，然后再用大量清水冲洗。

卸妆液 ◢

卸妆液适合非防水性彩妆。不含油脂，对皮肤负担小。可用于卸除眼角和嘴。使用前要充分摇匀。搭配化妆棉使用时要轻柔，避免过度摩擦刺激肌肤。

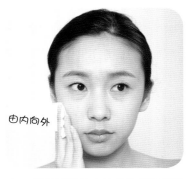

1 用浸透卸妆水的化妆棉轻轻擦拭脸部，多反复几次，直到彩妆擦拭干净。

2 一定要仔细检查一下眼下、眼睑、眼角等细小部分有没有残余的彩妆。

3 最后再用洁面乳将脸部清洗干净即可。

卸妆乳 ◢

卸妆乳卸妆效果不很彻底，适合卸除淡妆、非防水性彩妆。水油平衡性比较好，质地清爽不油腻，同时有很好的保湿效果，适合任何肤质的人使用。

1 冲脸后用化妆棉蘸取卸妆乳轻拭肌肤，如果化妆棉上有彩妆痕迹，再用卸妆乳清洁一次。

2 用比体温略高的热水打湿毛巾之后，敷在脸部30秒钟，使毛孔充分打开。

3 用较为温和的清洁产品由上往下，由内向外，轻轻按摩脸部，彻底清洁脸部。

■ 眼部卸妆

许多护肤品都注明"避开眼周使用"。这是由于眼周肌肤厚度只有脸颊肌肤的四分之一，非常脆弱，极易受损。因此，在卸除眼部彩妆时，使用专业的眼唇卸妆品，手法细而柔是非常必要的。

1 将卸妆液滴在化妆棉上，液体晕开的大小以盖住眼睛为宜。

2 将化妆棉敷在睫毛根部10秒钟，重复该动作2～3次。

3 然后用化妆棉从内向外单方向轻轻擦拭，进一步卸除眼妆，不要用力来回擦拭。

4 最后用棉棒去除还没卸干净的地方。

■ 唇部卸妆

卸妆时微笑，使唇纹舒展；由外围向唇部中心垂直卸除，不要来回搓；嘴角鼻翼是容易被忽略的死角，卸妆时张开嘴，将棉片对折清理容易遗落的嘴角残妆。

1 如果嘴上的唇膏还是很浓，先用纸巾吸掉唇膏里的油分，然后再轻敷化妆棉。

2 待卸妆液溶解了唇妆后，从嘴角开始向中间进行擦拭，不要来回擦拭。

3 再换一个新的浸有卸妆液的化妆棉或纸巾擦拭，重点清理唇纹中的残留唇膏。

4 最后用棉棒蘸取卸妆液，轻轻地卸除残留的唇妆。

护肤环节（七）

晚霜为肌肤"充电"

❂ 晚上来修护疲惫一天的肌肤

细胞在夜间要比白天活跃很多，夜间是为细胞补充水分和营养的最佳美容时间，修护白天受到的损害，补充养分，恢复弹性，而晚霜正肩负了这样的使命，成为肌肤的"充电器"。

■ 晚霜的使用要点

肌肤老化年龄越来越提前，25岁已经是个保守数字了。而晚霜并非许多人印象中"油腻腻"的产品，很多晚霜的质地清爽，渗透性好，能在无负担的前提下为肌肤"充电"。

1 选择技巧

年轻的肌肤新陈代谢旺盛，一般无需用晚霜；而如果肌肤表现出缺水、黯沉、老化现象，就要在肌肤吸收能力最好的晚间时段给予滋养。如果肌肤状态比较健康，就可不使用含有营养成分比较多的晚霜，否则肌肤吸收不了营养反而会出现堵塞毛孔等问题。

2 使用时间

晚间保养重在让修护成分在睡眠的"美容黄金时段"发挥功效。所以，涂完晚霜最好入睡。洗澡后待毛孔张开的情况下涂抹晚霜，轻拍肌肤，使晚霜渗透到肌肤中。

3 涂抹手法

为了使晚霜发挥效力，就要促进肌肤更好地吸收晚霜的成分。所以加入更多的按摩手法是必要的；也可用"按压"的方式涂抹，以免产生小细纹。

 小提示

注意光敏感成分

很多晚霜具有美白功效，同时也含有光敏成分，如酸、维生素C等，这些美白成分在阳光下却会让皮肤变得更黑，所以只适合用于夜间保养。

■ 调整方法应对变化

结合季节、场合变换，随时调整晚霜等护肤品的使用方法，可以起到提高肌肤对营养成分的吸收，不会造成营养过剩，导致脂肪粒的生成。

1 干燥的冬季，为了提高肌肤对晚霜的吸收度，把脸部清洗干净，用蒸汽美容仪或热毛巾敷于面部两分钟，再涂护肤品。

2 夏季，油性肌肤的油脂分泌更旺盛，除了选择清爽质地的晚霜，为了避免给肌肤造成负担，晚霜隔天使用一次即可。

3 熬夜加班使肌肤干燥，基础护肤后，先涂保湿精华液，再选择修复型晚霜，防止营养成分流失并深层润泽缺水肌肤。

■ 调整肌肤角质

当肌肤状况不太好的时候，会发现涂抹什么好像肌肤都吸收不了，这时可以将保养顺序颠倒，先用乳液然后用化妆水，最后涂抹精华与面霜，使肌肤恢复水润。

1 使用质地比较轻薄的乳液，用大片的化妆棉蘸湿之后，均匀地按摩擦拭全脸肌肤。

2 然后用大量的化妆水浸透化妆棉，再湿敷在肌肤上。

3 最后再将保湿精华和面霜敷在全脸。

■ 选择适合自己的晚霜

很多晚霜具有美白功效，同时也含有光敏成分。这类晚霜不能在白天使用，白天使用会适得其反。晚霜都应在洗完脸后涂抹，还可在洗完澡后，待皮肤稍干时使用。因为此时肌肤的血液循环好，保养品的吸收效率也更高。

 状况一　肤色不均匀、黯沉灰暗，越到下午越是没有光泽，连粉底也盖不住色斑。

解决方案：　选择含有抗氧化的维生素 C 和维生素 E 成分的晚霜。由于日晒和空气污染的联合作用，皮肤时刻在进行着氧化的过程，从而造成肌肤黯沉、色斑沉淀等现象。含有维生素 C 和维生素 E 的晚霜可以改善这种现象。

 状况二　皮肤松垮垮的，隐隐可看见细纹，一天下来笑纹会比早上更深。

解决方案：　选择含有抗衰老的维生素 A 成分的晚霜。维生素 A 系列衍生物已经被证明是一种高效而温和的抗衰老成分。晚霜本身具有较强的渗透性，对肌肤保养很有益处。

保湿晚霜是有效修复干燥肌肤的必备品！

状况三　油乎乎的，容易长疙瘩，甚至出丘疹。

解决方案：　选择含有强效保湿因子的晚霜，使肌肤感觉舒爽并有效预防肌肤早上易脱皮的症状。

护肤环节（八）

眼霜是双眼护身符

认真呵护全身最薄的肌肤

眼部肌肤是全脸最娇嫩、脆弱的部位，也是全身肌肤最薄之处，易产生松弛现象，加上缺乏皮脂腺，更容易出现干燥问题。此类型的产品就是能协助眼周肌肤抵抗松弛，避免下垂，并维持眼周皮肤高度滋润，从而对抗细纹产生。

■ 眼霜使用手法

眼霜应在早晚洁肤后，拍打完化妆水后涂抹。在眼部保养上，最重要的原则就是涂抹眼部产品时动作不要过大，力道要轻柔，避免拉扯的动作对肌肤造成伤害，反而加速细纹的生成。另外，搭配科学的按摩、拍打和轻弹等手法，可帮助眼部产品更好地吸收。

1 眼霜取绿豆大小的用量就足够了，用量过多可能会导致脂肪粒的产生。

2 然后利用双手无名指的指腹对眼霜进行揉匀，唤醒眼霜中的有效成分。

3 用无名指指腹由内向外均匀地轻弹眼周肌肤，直至眼霜充分地被吸收为止。

4 将双手掌心相对揉搓至热，用掌心覆盖于眼部，利用掌心的温度促进眼霜的吸收。

小提示

眼霜不是涂得越厚越好

眼睑肌肤没有脂肪，不易吸收养分，保养品使用过量，不但容易形成脂肪粒，还会因拉扯使眼周小纹路更明显。一般眼霜的滋润度、延展性都较高，用量不用很大，大概在一个绿豆粒大小即可。这也就是为什么几乎所有品牌眼霜含量都在15毫升左右的原因。

■ 利用眼霜改善眼袋

　　眼周皮肤只有脸部皮肤1/3的厚度，很薄，并且眼睛周围都有脂肪带，尤其是眼睛下方，当眼周肌肤变得松弛时，就会变成眼袋。通过有效的按摩手法，与早晚眼霜的搭配，去除眼袋。

　　早上选用含银杏、灵芝成分的眼霜，提升眼周肌肤的紧实度，涂抹时要由内向外顺同一方向轻抹，消除水肿型眼袋，用双手按摩眼部，眼袋部位可以加强按摩。晚上眼霜的涂抹方式与早上的方式相同，可以选用含有金箔和胶原蛋白的产品，在夜间补充肌肤弹力。

选择适宜的眼霜成分

　　不适合肌肤年龄需求、过于营养的眼部产品可能会使眼部产生脂肪粒，建议年轻的肌肤选择质地轻薄、成分中不含有太多油脂类成分（如霍霍巴油、羊毛脂、凡士林等）的眼膜、眼霜或眼部精华。可以针对眼部的具体问题（如干纹、水肿或黑眼圈等）选择那些只具有保湿、紧致或美白等针对性成分的眼膜，然后用质地轻柔的眼霜锁住营养成分。

■ 穴位按压改善黑眼圈

　　对于因疲劳造成的血液循环不良型黑眼圈，通过眼部按摩促进血液循环是重点。

由内向外

鱼腰

四白

鱼腰：位于瞳孔正上方，眉毛中央的凹陷处。

四白：位于瞳孔正下方颧骨上方凹陷处。

1 洁面后，在脸上涂抹化妆水和美容液，然后用无名指指腹由内向外涂抹眼霜。

2 用中指和无名指按压眼部穴位（四白穴、鱼腰穴），使肌肤微微凹陷，力度要适中。

肌肤护理不能贪图一步到位。先解决问题才能做进一步的保养。否则就会给肌肤带来更多负担。针对各种问题采取必要的护理，同时不要忽略基础护理。

第二章

问题肌肤的养护

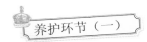
养护环节（一）

青春痘是"美丽杀手"

❤ 别让青春痘毁掉好心情

青春痘又称痤疮，分青春期和成人期。青春痘的形成原因并非只是皮脂分泌旺盛，而且各个年龄、各种因素都有产生青春痘的可能，一旦护理不当，就会形成难以治愈的皮肤病。

■ 青春痘的成因

青春痘又分为"成人青春痘"与"青春期青春痘"。如果把所有痘痘都当成青春痘来处理，效果甚微。辨别自己的痘痘到底是哪种痘痘，才能对症下药。

成人青春痘 ▲

一般位于下巴、唇角附近的 U 形区。不只发生于油性肤质，甚至也常见于干性和敏感性肌肤。压力大、生活不规律，睡眠不足，导致内分泌失衡，影响皮脂腺功能。保养品使用不当、毛囊阻塞导致长痘。

青春期青春痘 ▲

一般位于脸部中央三角区，严重时甚至全脸。多发于皮脂腺分泌旺盛的偏油性肌肤。激素分泌过于活跃，造成油脂分泌过量导致形成痘痘。遗传因素所致。

青春痘形成过程 ▲

要想击退痘痘，首先要了解它到底是什么，要了解成人痘形成的原因和过程，才能正确地找到对抗它的好办法。

第一阶段：角质层干燥
皮肤长期缺乏滋润令角质层陷入干燥，从而使肌肤防御力低下，代谢紊乱，痘痘的乘虚而入。此外，生理期前、压力大或睡眠不规律，激素变化也很容易引发痘痘。

第二阶段：角质层代谢变差
成年后老化角质更容易堵塞在毛孔中。再加上外界对肌肤的刺激，肌肤的角质会逐步增厚，很容易引起角质肥厚现象，导致毛孔中的污垢更加不易排出。

第三阶段：毛孔内滞留油污
清洁不当，彩妆残留和灰尘、污垢等废弃物滞留在毛孔里，以皮脂为营养源，不断繁殖。

第四阶段：形成青春痘
不断成长壮大的污垢和皮脂在毛孔中越积越多，由于角质层的肥厚，它们不能自行被排除，于是在角质层下的毛孔中不断膨胀，形成痘痘。

■ 痘痘肌的清洁

对待痘痘肌，普通的清洁方法未免有点效率太低了，还是加入一些对去除痘痘行之有效的小方法，可以使我们的洗脸清洁更有针对性。

1　将新鲜柠檬切成四块，用一小块慢慢挤出柠檬汁，滴入洗脸水中，柠檬具有消毒作用。注意避免白天使用造成光敏感。

2　无论固态还是液态洁面品，先在手心揉搓起泡。洁面时使泡泡完全覆盖在脸上，使手指隔着泡沫在脸上滑动。

3　洁面后要用爽肤水进行第二次清洁。这一点对于痘痘肌来讲很关键。用化妆棉片蘸取化妆水从下向上，从内向外擦拭。

■ 预防青春痘的护理

痘痘的"温床"就是长期缺少滋润，一旦角质层干燥，肌肤的防御功能就会随之低下，此时的肌肤系统很容易发生紊乱，就给痘痘的乘虚而入提供了条件。所以，每天的保湿护理也是抗痘环节。

1　用温和的弱酸性去角质凝露，由内向外、由下向上擦拭全脸，使角质代谢正常。

2　在纯棉化妆棉上滴入适量的化妆水，轻轻地拍在全脸，提高肌肤的缩水量，使肌肤镇静。

3　痘痘肌肤最怕油性，所以选用质地清爽、无油的乳液，轻轻拍在脸上。

■ 对抗青春痘

大多数青春痘会留下难以消除的痘印，因此，青春痘要尽早治疗，随着皮肤新陈代谢，痘印也会慢慢淡化、变浅，以防留下永久性斑痕。青春痘部位尽量不用手触碰，但在一些特殊时刻，怎么能让痘痘不那么明显又不会刺激有炎症的部位，紧急去痘的小方法能快速平复痘痘，让痘痘"去无踪"。

冰镇法舒缓痘痘肌 ▲

1 把毛巾放在冰箱冷冻，敷在洗净的脸上，起到收敛、镇静肌肤的效果，缓解红肿情况。

2 洗脸后，将小冰块涂抹在红肿的痘痘上面，可以有助于消炎镇静。

3 清洁面部之后，在水中加入冰块，用冰水反复冲洗脸部，收敛毛孔，镇静痘肌。

初期痘痘消炎法 ▲

1 黑头和初期发炎的暗疮都不能使用针除掉，挤痘痘不能用手，可以用粉刺针，事前对痘痘处和粉刺针进行消毒。

2 挤完痘痘，为了避免发炎，将化妆棉用眼药水浸湿，敷在被挤破的痘痘上，停留1~2分钟即可。也可以用生理盐水湿敷，减轻炎症。

茶树精油急救青期痘

1 用干净的棉棒蘸取茶树精油，点涂在未破开的痘痘上。

2 肌肤易敏感，可将茶树精油倒在基础油中，稀释后使用。

3 敷在红肿发炎的痘痘上，停留5分钟左右。

 小提示

痘痘贴的使用技巧

痘痘贴主要用来处理已破且已经清理干净的痘痘。可以预防细菌感染和发炎。但痘痘还红肿发炎时不要使用痘痘贴，否则会加速红肿程度。撕扯痘痘贴时，还有可能把表皮弄破，反而留下疤痕。

洁齿粉去除痘印

加水调匀

1 将少量洁齿粉与牙膏混合后，用少许矿泉水进行调匀。

2 将洁齿粉和牙膏的混合物涂抹在脸部有痘印处。

3 5～8分钟，待牙膏干燥后，用水打湿化妆棉，轻擦去牙膏。

4 在痘印处涂上美白精华，以打圈的形式按摩辅助吸收。

■ 不同区域穴位疗法

用拇指或按摩棒按住穴道后循顺时针方向往下施力揉按，由轻到重，可反复多次。各穴道每次最少揉按20圈，每天按摩3次左右。

鼻头痘 ▲

脾经失常，通常也有面色苍白、泛黄或气色黯沉等现象，与体内消化酵素分泌不正常有关，也容易出现胃溃疡。按穴可调整激素，增加气血循环。

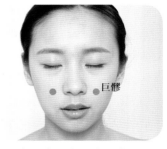

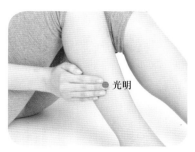

巨髎：位于鼻孔水平线与瞳孔直下延伸线的交点，两边各有一穴。

三阴交：位于小腿内侧，足内踝骨往上约四指横处的位置。

光明：位于足外踝骨往上约7指处。

唇边痘 ▲

消化不良易导致代谢慢，长期便秘也会使痘痘加剧。可做腹部按摩或补充植物纤维。

额头痘 ▲

集中额头，且呈现细密点点型的小痘痘，原因与运动量少、心肺功能不足等有关，可养成温和的运动习惯，避免烟酒。按摩穴道可增加免疫功能、清热润燥，并改善肌肤出油长痘状况。

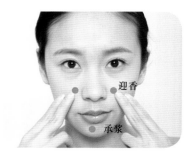
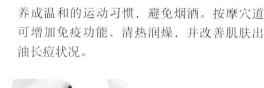

迎香：位于鼻翼向外水平延伸与法令纹交点处。
承浆：位于下嘴唇的下方凹陷处。

曲池：位于曲肘时肘关节外侧出现的横纹顶端，按压会有酸麻感。

鱼际：位于拇指外的其余四指向内弯曲，拇指根部肌肉突起中间。

色斑是美白大敌

✡ 令肤色黯淡无光的元凶

色斑是由于黑色素的增加而形成的一种呈褐色或黑色素沉着性斑点。包括雀斑、黑斑、黄褐斑和老年斑等，有些人从25岁开始就出现了色斑，日晒后会加重。

■ 色斑形成的原因

有的色斑是天生的，有的是后天，防晒不足或激素分泌失调都会造成色斑的形成，其产生原因不同，部位、面积大小或颜色深浅就会有差别。根据自身情况对症治疗，色斑才能得到较明显的改善。

晒斑 ◢

呈圆形，形状明显，在各种斑点之中为数最多，大多形成于最容易受阳光照射的颧骨部位。避免紫外线照射导致黑色素形成，如已经出现晒斑，就要尽早使用美白护肤品淡斑。较严重的色斑，需要进行激光治疗才能去除。

雀斑 ◢

以鼻子为中心的雀斑，遗传是主因，从十几岁开始就会出现，呈三角形或四角形。皮肤白很容易长雀斑，较难通过保养去除，可以通过激光进行治疗，但有时会反复出现。

痘斑 ◢

长青春痘如果处理不当，可能会因为发炎引起色素沉淀，导致留下褐色斑痕，一般可以自然治愈，但完全消失需要几年时间。痘痘消失后，使用具有美白功效的护肤品可以改善。不适合进行激光治疗。

黄褐斑 ◢

　　黄褐斑只有女性才会长，多数是内分泌失调引发的。形状和颜色都不太明显，颜色一般为浅灰色，如果出现在脸颊上，通常会左右两侧都有。怀孕、生理期，激素变化会导致斑点产生，而日晒、压力过大、睡眠不足及饮食结构不合理等，都易导致内分泌失调。外界因素会使色斑加深。可以通过一些安全的医疗美容手段进行治疗。

黑斑 ◢

　　两颊、眼皮和嘴唇最容易受摩擦的部位色素沉积，出现不明显的斑痕。护肤程序中的卸妆、洗脸和按摩都会在一定程度上摩擦到皮肤，这样的刺激会引起色素斑。避免大力搓洗皮肤表面，尼龙质地的洗脸毛巾或者浴巾过分地摩擦肌肤会使肌肤产生色斑。

■ 常见去斑疗法解析

　　色斑形成后，可以通过一些安全的医疗美容手段进行治疗，消除色斑。持续进行医疗护理，能够激活皮肤的新陈代谢，更有效地改善色斑等老化问题。

美白护肤品 ◢

　　美白护肤品是用来预防色斑的。大多数美白成分主要是防止皮肤中的黑色素沉淀。一般的美白产品只能改善尚不明显的晒斑、痘斑等色素沉淀。

果酸焕肤 ◢

　　果酸焕肤，及时用高浓度的果酸进行皮肤角质的剥脱，加速表皮细胞的更新，同时刺激胶原蛋白和粘多糖的生成。

e光嫩肤 ◢

　　疗效是传统光子嫩肤的两倍。与光子嫩肤相比，消除了光能过强可能引起的副作用，并提高了舒适度。一般 1 ～ 2 次就能去除色斑。

■ 预防痘斑、黑斑

　　将洁面产品充分打出泡，用泡沫配合科学的手法轻柔洁面，预防摩擦型色斑的产生，对于已经形成的色斑，可以用精华液做重点式局部修护保养。

预防摩擦型黑斑

1 洁面时，将洁面产品在掌心打出丰富的泡沫，用泡沫接触面部进行轻柔洁面，用手掌或指腹大力搓揉不但不会使清洁更加有效，反而会伤害皮肤。

2 尽量避免使用颗粒状的去角质产品，一周可以使用一次霜状去角质产品，轻柔去除角质。

3 以双手手掌自面部中央开始向两侧轻抚，促进黑色素代谢，改善晒斑。

精华棉片斑区重点护理

1 拍完化妆水后，在全脸涂抹美白乳液。有斑的地方要重复涂抹，并轻轻拍打，以促进吸收。

2 将化妆棉剪成小块固定在胶布上，在化妆棉一面涂上淡斑精华液，贴在脸上有斑的部位。

3 将勺子放在热水中稍浸泡，然后取出敷在胶布处5分钟后，再将勺子放在冰水中稍作浸泡，然后取出再次敷在胶布处3分钟。

4 把包有冰块的毛巾抵在胶布处敷1分钟。

43

■ 分期淡化晒斑

针对不同阶段的晒斑进行有区别的祛斑护理，恰当地去除角质或者重点美白，可以更加有效地促进黑色素的代谢，避免晒斑的形成或淡化已经出现的斑点，使黯沉的肤色逐渐变得亮白。

形成期晒斑去角质 ◢

1 取适量去角质霜，用双手中指及无名指指腹从额头中央向两侧轻轻揉搓。

2 自上而下轻轻地揉搓脸颊部位，使晒斑随角质层脱落。

3 皮脂较厚的鼻翼两侧容易堆积老废角质，应仔细揉搓。

成熟期晒斑淡化护理 ◢

弹·弹·弹

1 取用手指蘸取适量的淡斑精华液，直接点涂在晒斑处。

2 以双手示指指腹画小圈轻柔地按摩晒斑密集处。

3 双手示指、中指、无名指三指的指尖像弹钢琴般交替轻弹肌肤，使淡斑精华被肌肤完全吸收。

眼部成熟期晒斑养护

1 取米粒大小的眼霜，用指腹由内眼角开始向外眼角均匀地涂抹开。

2 双手中指、无名指分别沿于上下眼睑，轻轻按压，用指腹的温度促进眼霜吸收。

3 双手指腹将下眼眶分为4点，轻轻按压。

■ 穴位按摩改善黄褐斑

很多色斑的起因源于体内，如果单纯依靠化妆保养品对抗色斑，效果是有限的，经常利用示指、拇指指腹按压一些穴道，对于促进肌肤血液循环，从而改善皮肤新陈代谢，消除黯沉都很有效。

1 ### 按压面部穴位

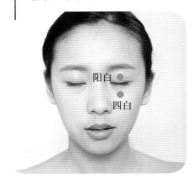

阳白

四白

行气活血，促进面部微循环，用双手中指指腹有节律地按压面部阳白穴、四白穴。

※阳白：位于瞳孔上方，距离眉毛一指宽处。

※四白：位于眼睛下方一指宽处。

2 ### 腹部穴位

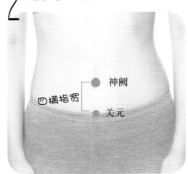

四横指宽

神阙

关元

调理脏腑，润泽肤色。

※神阙：位于肚脐窝正中央。

※关元：位于腹部肚脐正下方的四横指处。

3 ### 腿部穴位

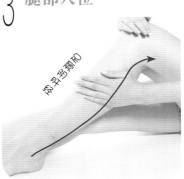

足厥阴肝经

可以疏肝解郁，由表及里对抗色斑。用双手手掌沿足厥阴肝经巡行路线，自下而上按摩小腿内侧部位。

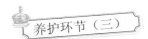

养护环节（三）

爽肤要从控油下手

✘ 满面油光让魅力大打折扣

所谓控油就是调整皮肤分泌的油脂含量。即使干性肤质，也会遇到肌肤变油腻的状况。当然，皮脂也是保护皮肤不可缺少的，这就需要借助一些护理手段来加以改善，还要掌握"度"。

■ 控油第一步

肌肤出油可是美白的大敌，多余油脂不仅使肌肤呈现出难看的橘皮纹理，更会被空气氧化，使皮肤变得黯沉，所以，要想美白，先要去除这些恼人的油腻。

皮肤出油 ◢

皮肤是人体中最大的防御器官，面部肌肤的皮脂腺分布量是全身肌肤之首，所以很容易出现油光问题。皮脂腺一年四季不停地工作，分泌皮脂，这些皮脂能够均匀地附于肌肤表面，形成皮脂膜，这层皮脂膜不厚，但起到抵御外界刺激、防止肌肤内部水分流失的重要作用。

皮脂并非一无是处，它也是皮肤"天然的润肤露"

皮脂一无是处 ◢

皮脂不仅能够完善肌肤的防御功能，还可以滋润肌肤，油性肌肤虽然易受痘痘等肌肤问题的困扰，但在肤龄保养上反而占了便宜，可以说偏油性的肤质是"带着润肤露出生的"，即使不用保湿产品也不易受干燥困扰。

油腻的诱因 ◢

除了遗传因素，熬夜、压力等都会导致内分泌紊乱，从而加剧皮肤出油状况。无论是油性还是干性肤质都如此。其次，没有好好卸妆洁面，不想黏黏的，所以夏天时不擦美容液……这些最基本的日常护理中的误区，都会刺激皮脂腺分泌更多油脂。另外，温度与油脂分泌成正比，尤其在夏季，在高温与室内温差作用下，肌肤干燥缺水导致水油失衡，就容易导致皮肤受到刺激而过度分泌油脂。

■ 控油基础护理

油脂分泌是维持肌肤年轻最好的天然保护膜。但是如果脸上只要一出油，就过度清洁，或置之不理，只会使出油状况更严重，导致水油失衡，出现痘痘、粉刺、毛孔粗大的问题。

每日控油护理

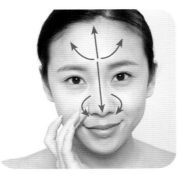

1 在洁面时应该选用清洁海绵，海绵可以柔和贴合肌肤，彻底清除因出油过多而残存在毛孔内的多余油脂。

2 T区、鼻翼以及鼻翼两侧的脸颊上是最容易出油的位置，均匀涂抹上控油精华。

3 在纯净水中加入两滴茶树精华或薰衣草精华，充分摇匀制成控油喷雾，白天适当使用，可调理油脂分泌。

夜间控油护理

1 用控油洁面乳彻底清洁脸部，眼部下方与鼻翼要由内向外轻柔地画圈按摩。

2 用不含酒精的化妆水进一步洁肤及补水，将化妆水点在化妆棉上再进行敷面。

3 均匀涂抹渗透性强的保湿乳液，并适当热敷，使营养渗透到皮肤深层。

■ 混合出油——分区护理

尤以额头、鼻部、下巴处的油脂分泌较旺盛，而脸颊与眼周容易出现干燥与细纹，进行控油护理时，控油产品主要用于易油腻部位，在全脸进行补水保湿的基础上，着重控制局部的油脂分泌状况，分区调理，有效控油。

日间基础护理 ▲

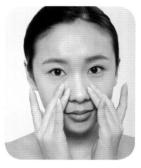   

1 洁面后，对容易出油的T区及鼻翼两侧部位进行第二次清洁，以去除深层污垢。

2 混合型肌肤在T区与鼻翼两侧最容易出油，在这些区域涂抹上控油精华，并用手掌按压促进吸收。

3 U区以自然保湿为主，可以选用清爽型补水乳液，薄薄地涂于U区。

4 皮肤分泌的油脂会溶解掉防晒霜中的防晒剂，要在易出油的部位及时补涂防晒霜。

每周特别护理 ▲

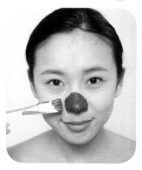 

1 用控油面膜泥，在油脂分泌最为旺盛的T区以及鼻翼两侧厚厚敷上一层，其余部位敷上薄薄的一层，胸前也长痘痘，可以一起敷。

2 用不含酒精的化妆水浸湿化妆棉，湿敷在T区，补水的同时可以起到镇静和收敛毛孔的作用。

 小提示

微波倒入控油术

冒油程度相当严重的话，光使用美容产品不能从根本上解决油问题，可以借助微波导入。微波导入是使用尖端很小的笔杆，利用电流将细胞间缝"震"开，将具有控油效果的成分——导入，促进肌肤对营养的吸收。疗程结束后，你会发现自己的肤色变得明亮，泛油减少。

■ 外油内干——滋润角质层

角质层缺少保湿因子，皮脂腺分泌出油过度，紧张时容易出油，这是"外油内干"肌肤的典型症状，也可称之为"干燥型油性"。如果采取和油性肌肤一样的控油方法反而会加重问题，甚至引起脱皮现象。保养要从清洁、调理及补水保湿三方面入手，从根源抑制出油。

晨间保湿护理

1 用清爽不黏腻的控油乳液，先从两颊开始涂起，轻轻带过额头、T区与下巴。

2 利用掌心的温度，以轻压、轻拍的手法，促进成分更快渗透肌肤，使肌肤恢复清爽感。

3 脸上的乳液还是会残留一点，再用面纸轻压，就能吸除多余油脂。

夜间控油护理

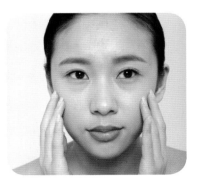

1 用热蒸汽熏蒸脸部皮肤，促使毛孔扩张开，使后续敷面效果更好。

2 用带有亲肤性补水精华的面膜敷在脸上，皮肤十分干燥时，可以覆盖保鲜膜增强效果。

3 敷完后用指腹轻拍面部，帮助残留的面膜精华完全吸收，再喷上控油保湿化妆水和乳液。

▪ 油光满面——减少油脂分泌

　　控油和肌肤调理"双管齐下"来改善容易出油、易长痘痘的肌肤。含有金缕梅等有效控油成分的产品能减少油脂分泌。含有果酸等成分的产品去除角质，使角质层恢复正常代谢。每1～2周使用一次深层清洁面膜或调节水油平衡面膜，对于容易吸附灰尘并滋生细菌的油腻肌肤可起到控油作用。

白天控油要点 ◢

1 很多肌肤的油腻感都是由于保养品用量过大，在涂抹乳液时一般取樱桃大小的量即可，涂抹过多会令肌肤感觉油腻。

2 出油过多时，可以使用吸油面纸对出油处进行按压，吸除多余油脂。

3 将两滴薰衣草和茶树精油加入纯净水中制成保湿喷雾。上午和下午使用，薰衣草和茶树油可以帮助调理肌肤的油脂分泌，避免脸部油光过重。

晚间控油要点 ◢

 小提示

1 油性肌肤在卸妆时，可以选用专门卸除睫毛的卸妆油来卸除面部彩妆，卸妆的同时可以起到轻柔去除角质的作用。

2 将3～5滴葡萄柚精油和鼠尾草精油加入热水盆中，调和均匀，浸湿毛巾，拧掉多余水分后，将毛巾靠近脸部进行熏蒸。

夜间控油尤为重要

　　很多人觉得白天的皮肤油光更严重，所以更注重白天的皮肤控油护理，而放弃夜晚的控油护理，这样的做法是错的。白天皮肤表面的油光，都是皮脂腺在夜晚分泌的。因此，只有在夜晚进行针对性护理，才能更有效地控制白天皮肤表面的油光。

常遇到的控油误区

只有掌握了正确的控油方法，才能最有效地进行控油护理，而在日常生活中，我们往往秉承一些错误的方法，只会使肌肤问题更加严重。

 使用紧肤水就可以起到收缩毛孔的作用了

解答： 错。仅仅使用紧肤水是远远不够的。只有从毛孔粗大的成因入手，从根源上抑制油脂分泌，疏通毛囊通道，才能起到事半功倍的效果。

 晚霜通常都很油腻，不适合油性或混合性皮肤使用

解答： 错。这是一种误解。研究发现，皮脂腺在夜晚更活跃。因此，油性或混合性皮肤尤其需要使用夜晚专用护肤产品，以便更有效地抑制油脂分泌，以减少白天的皮肤表面油光，有效缓解痘痘、油光、毛孔粗大等皮肤问题。

 多余的油脂主要靠清洁，只要使用彻底洗去油脂的泡沫洁面产品就可以了

解答： 控油的清洁产品只能即时清除脸上的油分，后续一定要配合，保湿和吸附皮脂的产品，才能达到长效改善出油的效果。控油产品也讲究合适的搭配，如皮肤又油又干，这是因为缺水，选择了高保湿产品只会更加油腻，正确的做法是增加亲水性的补水精华。

 控油要水油平衡，所以只要发现肌肤出油，就马上补水

解答： 错。补水可以在一定程度上帮助控油，但是不能一个劲地补水，因为水分在皮肤表面挥发速度比较快，喷完挥发后皮肤可能觉得更干，从而致使皮肤加剧出油。补水后轻拍促进皮肤吸收水分，之后应涂抹保湿凝露等护肤品来锁水。

■ 控油解答

越是控油越是出油，其实很多是由于护肤手段不当引起的，我们搜集了很多读者问题，快来看看，你是否也存在这些问题，不要再使皮肤"雪上加霜"了。

听说油性肌肤要加强T区清洁，每天洗很多次脸，怎么也不见干净呢？

解答： 既然是油性皮肤，油脂是洗不尽的，相反，洗的次数越多，皮肤越会分泌更多的油脂来补偿这种损失。

方法：每天清洁两次即可，如果遇到极端高温和极端环境，最多清洁3次。清洁之后使用收敛的保养品，如带有收敛功效的化妆水和凝露，一方面为肌肤补充水分，另一方面收敛类成分可以在一定时间减少皮脂腺的油脂分泌，保持肤感爽净。

去角质应该是最强力的清洁方式了，每天去角质，为什么皮肤越来越不好了呢？

解答： 去角质能减少油脂是个误区，主要是因为大部分去角质产品用完后皮肤干燥，但是并不因此减少脂腺的分泌，反而，过度去角质会导致皮肤屏障功能弱化，产生更多问题。

方法：如果是极油性和暗疮性皮肤，每周可以进行两次去角质，一般混合性皮肤每周一次去角质即可。无论是磨砂膏还是去角质棉片，都不要长时间在脸上反复摩擦，全脸去角质最多一分钟内完成，冲淋的时候也不要用太大力搓揉脸皮，使用去角质产品时一定要避开眼周。

感觉凉水无法清除油脂，可是用热水使劲洗还是无法洗干净？

解答： 热水洗脸确实可以带走更多的油脂，但同样不能持久，相反，洗掉太多的皮脂，皮脂腺会分泌更多油脂来保护皮肤，所以就会越洗越油。

方法：使用凉开水或低于40℃的温水冲淋最好，一般的洁面泡沫都能很好地吸出大量油脂，再使用热水冲淋反而有清洁力过强的问题。关于这方面，大家最好克服心理上的"干爽"强迫症，脸不是洗的越干净越好，而是以洗完后清爽、不紧绷或轻微紧绷为宜。

养护环节（四）

抗老化让皮肤"冻龄"

❀ 减慢老化脚步，让美丽驻足

肌肤老化是自然界的一大规律，无法阻止，随着岁月流逝，皮肤会逐渐失去弹性。但是通过护理至少可以防止老化问题过早出现，使老化速度减缓，这对于年轻肌肤同样重要。

■ 皮肤老化的主因

每个人的肌肤老化速度不一样，即使年轻肌肤，如果没有坚持科学地护肤，老化会过早出现。一旦发觉干纹、粗糙、毛孔等，就是老化的信号，必须立刻予以重视，避免导致无法逆转的程度。

胶原蛋白减少 ▲

胶原蛋白是人体的一种非常重要的蛋白质，占真皮层的 75% 以上，构成弹力网。从 25 岁开始，因为胶原蛋白不断流失，皮肤开始出现老化。会发觉皮肤开始出现细纹、毛孔粗大等现象。到 35 岁，胶原蛋白含量减少到约 50%。胶原蛋白急剧减少，表皮层随之塌陷，皮肤失去原有弹性，形成皱纹。严格地说，从 20 岁开始就可以开始补充胶原蛋白了。

小提示

补充胶原蛋白是否真的有用

胶原蛋白无论是外用还是内服，效果都微乎其微。由于食物提供的仅仅是原料（氨基酸），一旦肌肤生成胶原蛋白的能力减弱，有再多的原料也回天无力。大部分含胶原蛋白的护肤品所含胶原蛋白分子较大，涂抹后很难渗透至真皮层起作用。所以，通过正确的护理方式促进肌肤内胶原蛋白的形成是关键。

神经酰胺减少 ▲

神经酰胺是皮肤最外侧一种重要的细胞间质，支撑着角质细胞，所以要想肌肤水润嫩滑，神经酰胺很重要的。但随着年龄增长，神经酰胺会减少，肌肤角质层纹理变得紊乱，肤质也随之粗糙。

代谢减缓 ▲

一般肌肤需要经过 28 天左右循环代谢一次，随着年龄增长，细胞代谢速度减缓，到了 40 岁后，会延长到 37 ～ 42 天。新生细胞数量急剧下降，基底层变薄，支撑肌肤活力和弹性的活力素与酶的数量也在减少，直接导致老废角质堆积，令皮肤看来黯沉无光泽，变松弛。

■ 去除假性干纹

　　皱纹分为干纹、表情纹、真皮皱纹三种。"干纹"多见于眼周，一般出现在肌肤浅层，产生的主要原因是干燥。"表情纹"是由于脸部的表情变化而产生的。"真皮皱纹"是由于真皮中胶原蛋白的减少导致肌肤失去弹性引发的皱纹。前两者通过保湿护理就能够很快恢复。"真皮皱纹"一旦形成就很难逆转。虽然皱纹的形成无法轻易阻止，但是如果从年轻时就开始做好护肤和防晒，在皱纹形成前积极预防，就能防患于未然，延缓皱纹的形成。

1 取黄豆般大小的眼部精华液涂于眼周，然后贴上保湿眼膜。

2 在敷眼膜的过程中，如果感到水分有一些不足，就不时地补喷喷雾，等待10分钟。

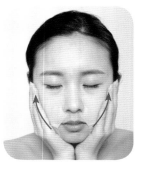
3 敷完眼膜后将眼膜取下来，反贴于法令纹上，然后用双手手掌以托住脸颊的姿势，往上提拉。

4 用手掌将精华液搓热后，将带有精华液的手掌横向按压额头，并按压全脸。

5 用双手的手指交替往上提拉额头的皮肤，消除潜在的抬头纹。

6 将具有紧致提拉作用的眼部精华，用指腹点涂在嘴角。

7 做微笑状，用双手的指关节从嘴角往耳后方提拉按压10下。

8 涂上保湿修复型润唇膏后，将刚才用过的含有精华液的眼膜贴在唇部，停留1~2分钟后取下来。

■ 眼袋与松弛

　　眼部皮肤纤薄，汗腺和皮脂腺分布较少，特别容易干燥缺水，这就导致了眼睛是最容易老化并产生问题的地方。一般25岁以后眼周肌肤就开始走下坡路，出现鱼尾纹、眼袋等问题。

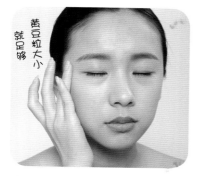

1 取黄豆粒大小的眼霜，用无名指以点压方式涂抹在眼周。

2 用中指和无名指组成的剪刀手，从眼角到眼尾按摩滑动至太阳穴。

3 用无名指指腹轻轻地从眼角推抹至眼尾。

4 用中指和无名指组合，拍打眼周100下，加强血液循环，促进吸收。

5 从眼角到眼尾方向，按压眼睑骨上方内测的淋巴与穴位。

6 从眼角到眼尾方向，按压眼睑骨下方内侧的淋巴与穴位。

■ 细纹区域的护理

幼纹最先出现的部位多集中在眼周、额头、唇周、鼻周和颈部几个部位，根据不同部位的肌肤皱纹特点，运用不同抗皱护理手法，可以更加有针对性地去除幼纹。

法令纹

法令纹是典型的皮肤组织老化，造成肌肤表面凹陷的现象。主要由于表情过于丰富。

 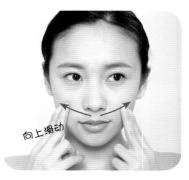 

1 掌心相对搓热，紧贴脸部，自嘴角经过鼻翼两侧从下向上画圈，直至耳际。

2 用双手的示指与无名指指腹自人中部位开始向外侧偏向上方向滑动。

3 拇指与示指指腹相对，沿着法令纹由下向上轻捏肌肤。

抬头纹

额头出现的皱纹是动力性皱纹的一种，做出夸张的面部表情时，额头会出现一道道横纹，时间长了之后就会形成皱纹。

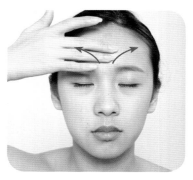  

1 用中指和无名指指腹，从眉间开始，向额头两侧发际线处横向推摩，反复推摩1分钟。

2 用手指指腹，由下向上纵向按摩额头，反复按摩1分钟。

3 用手掌从额头中线开始，分别向两侧反复分推。

■ 改善老化型水肿

皮肤老化，细胞新陈代谢不畅，会导致脸部常常水肿，呈现黯沉、松懈的疲惫状态。经常做做按摩可以有效促进循环，排出多余水分，还可以锻炼脸部肌肉，提升皮肤弹性。在按摩过程中，要使用质地润滑的精华液、按摩霜等，避免拉扯肌肤。

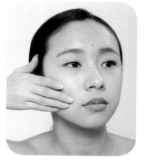
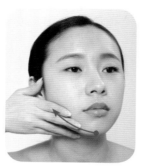

1 用指腹将凝露状的紧实精华均匀地涂抹在全脸。

2 用手掌包覆下颚，将示指和中指放在上颚部分，将无名指和小指放在下颚部分，由下往上滑动按压至耳下。

3 用手掌紧贴脸部，将示指和中指放在嘴角上方，将无名指和小指放在嘴角下方，从嘴角滑动至耳下。

4 用手掌紧贴脸部，示指和中指在上方，无名指和小指在下方，由下往上从鼻翼滑动至太阳穴，再至耳下。

5 将无名指放在眼下，从眼角往后滑动至太阳穴，再到耳下。

6 将指腹分别放在上、下眼睑，从眼角开始滑动至眼尾，滑动到太阳穴，再到耳下。

7 用中指和无名指由下到上在额头上滑动，再顺着发际线滑动至耳下。

8 然后用五指顺着颈部淋巴往下滑动按摩，一路按压至淋巴。

■ 颈部抗老化淋巴按摩

　　颈部是脸部轮廓的重要组成部分，由于颈部肌肤厚度只有脸部的三分之二，胶原蛋白含量也比较少，缺乏可分泌油脂的腺体，容易过早出现松弛、干燥和皱纹。因此需要人为地进行提拉紧致的护理。每天护理脸部时，可以使用同样的产品涂抹颈部，同时进行淋巴按摩，促进循环。

1 取大小用量约为1元硬币的颈霜，放在掌心回温。

2 用双手边涂抹颈霜，边从下到上按摩颈部。

3 由下巴顺脸部轮廓往上推抹至耳下的淋巴结，并按压耳根后侧促进循环。

4 从耳根处顺着颈部的淋巴走向往下推按。

5 最后按压锁骨，用指腹扣住锁骨轻轻按压。

6 最后下巴往上抬高，用舔糖的方法，舌头尽量向上伸，同时用手按住锁骨加以辅助。

■ 紧实脸部轮廓

除了脸形天生偏大、脂肪过多外，肌肤松弛也是造成脸显大的主要原因。松弛比皱纹开始得更早且更显脸大。肌肤失去弹性下垂，会导致脸部轮廓看起来模糊，脸形自然会显大。每天早晚两次，配合使用紧致护肤品，也可以在涂抹精华液时把提拉按摩加入日常保养程序中，长期坚持就可以。

1 咬紧牙根，找出一整块绷紧的咀嚼肌，然后将瘦脸精华均匀地涂抹在咬肌上。

2 握拳，将拳面压住咬肌，轻轻画圈揉压10～15下，力度以感到酸疼即可，两侧都要做。

3 然后用双手的拳面压住两侧的咬肌，用力往里推挤，每次按压持续5～10秒，重复3次。

4 用手掌将精华液搓热回温，用带有精华液的双掌包覆脸颊，从中央向外刮动至耳前，然后用拇指按压耳下腺，手掌紧贴两颊，停留5秒。

5 将双手的手掌继续向下滑动，一路按压颈部淋巴。

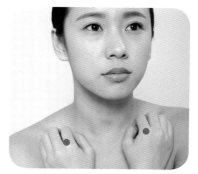

6 当手掌滑动至锁骨处时，将双手手指按压在锁骨上。

养护环节（五）

素颜不"孔"慌

⚛ 扼杀美丽的"草莓杀手"

"草莓鼻"是很多人挥之不去的烦恼，特别是鼻部周围。堆积在毛孔中的油污。使肌肤显得凹凸不平，魅力一下子大打折扣，即使素颜也不怕？这就需要防患于未然。

■ 对抗毛孔敲门砖

造成毛孔问题的原因多种多样，皮脂分泌旺盛、角质层过厚、极度干燥缺水、长期的光照和皮肤的衰老……要清理毛孔，扫除黑头、白头，就要先了解这些导致"孔"慌的小东西从何而来。

角栓是什么 ◢

角栓就是老化了的角质、皮脂和灰尘等混合在一起而构成，会堵塞毛孔，是形成黑头和白头的元凶。过剩的皮脂堆积在毛囊里造成毛孔堵塞，与毛孔周围老旧角质混合，慢慢就会显得毛孔又黑又粗，逐渐被撑大。

毛孔里面脏脏的？从基础护理入手，加强进行毛孔保养。

毛孔粗大成因与护理原则 ◢

脸部的皮脂腺比较发达，而毛孔就是皮脂腺的出口，所以脸部毛孔相对身体其他部位较明显。随着皮脂分泌量的变化，经历青少年期、中年期，毛孔的形状也一直在发生变化。

第一：调理皮脂
毛孔是皮脂的分泌通道，当皮脂分泌发生紊乱，油脂过度分泌时，毛孔这一通道就不得不以扩张之势来保证油脂顺利通过，这无疑给毛孔平添了负担，还会使脸颊油光满面，因此进行必要的皮脂调理，帮助肌肤控油就显得尤为重要。

第二：通畅毛孔
角质层增厚是造成毛孔问题的主要因素，而老废角质的代谢不畅又是角质层增厚的深层原因，因此保持肌肤旺盛的新陈代谢能力是关键所在，定期去角质是保证毛孔顺畅通透必不可少的护肤环节。

第三：抗氧化
随着年龄增长，毛孔周围的胶原蛋白逐渐减少，弹力组织逐渐萎缩，失去弹性，皮肤出现松弛状态，毛孔周遭因失去支撑自然也会跟着变大，呈水滴状扩张，在两颊部位特别明显。即使没有油污堆积，看上去也会泛黑。因此毛孔护理与预防老化要双管齐下。

第四：整饬纹理
肌肤缺少水分时，会刺激油脂过度分泌，从而导致油脂分泌过剩，对付油脂分泌过剩最有效的方法就是补水。

■ 毛孔基础护理

毛孔大小虽然与生俱来，但是如果平日多加保养，做到彻底清洁，维持肌肤弹性，通过针对性护理，能够有效缓解不同原因造成的毛孔粗大问题，从根本改变现状。但是经常深层清洁可能会对毛孔周围的皮肤造成损伤，清洁毛孔后要立刻补充水分及养分，配合力度轻柔的按摩，以保持毛孔处皮肤的弹性，避免被撑大的毛孔变得松弛。

洗脸 ◢

 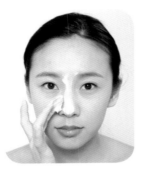  

1 洗脸前用化妆棉做个面膜，用化妆水浸湿化妆棉，在鼻子上敷3～5分钟，使角栓更容易脱落。

2 从容易油腻的额头至鼻子部分开始，不是用手指搓洗，而使像用泡沫轻柔，不要忘记鼻翼也要轻柔清洗。

3 用鼻翼专用化妆刷细细移动轻扫，柔软的刷头可以深入毛孔中，将积存的污垢彻底清除。

4 将用微波炉蒸热的化妆棉缠在指尖，化妆棉前端蘸上橄榄油进行按摩，也可以在卸妆后进行。

卸妆 ◢

噗，噗

1 卸妆前先喷碱性喷雾，肌肤会变柔软，妆容及多余的角质也会变得容易脱落。

2 从皮脂分泌最多的鼻子开始卸妆，用手指上下移动，轻轻按揉鼻翼，使污垢浮现出来。

化妆水 ◢

1 用调理液软化角质，先用含丰富维生素C或高抗氧化力的化妆水软化角质，打造柔软光滑的肌肤。

2 只是用手涂抹化妆水的话，水分到达不了鼻翼角落处，用收敛化妆水浸湿化妆棉，将化妆棉折成四分之一大小后与鼻翼更加贴合。

3 首先通过按压能使化妆水浸透到肌肤中，然后用化妆棉覆盖停留在肌肤上，细致处理在意的部位，收紧毛孔。

美容液 ◢

留意"倒三角地带"进行护理，解决黑头毛孔要用含有抑制黑色素形成的维生素C的产品，解决白头毛孔就要用有皮脂吸附或者一直皮脂作用的产品才是正确的。

乳霜 ◢

1 抑制过剩皮脂的捷径就是为肌肤保湿，调理好肌肤状态，从清除皮脂后的T区开始，做好整个脸部的保湿工作。

2 脖子旁边的血管较粗，冷敷脖子旁，可以一下子收紧脸部毛孔，试试用手帕裹住保冷材料冷敷颈部肌肤。

快速收缩毛孔三法

1 用冰块在肌肤上轻柔地画圆圈，收缩毛孔。注意冰块应选择无棱角的，以免划伤皮肤。

2 将事先在冰箱中冰过的勺子按压在刚刚热敷过的地方。先热后冷，提高毛孔收缩力。

3 轻拍脸对脸部的血液循环是有好处的，也可以促进化妆品的吸收，增加皮肤弹性，帮助肌肤毛孔快速收缩。

小提示

年龄决定拍打次数

　　毛孔紧致的关键步骤就是拍打紧肤水。在鼻子和鼻周毛孔明显的部位，用手指指腹以与自己年龄相同的次数进行拍打，拍打方向应由下向上。

保湿按摩增强毛孔弹性

1 洁面后马上涂抹紧肤水，双手手掌从鼻子向两颊轻轻按压使成分渗透肌肤。

2 按压鼻、额头和下颌毛孔明显的部位，各温热5秒，使有效成分渗透至肌肤内层。

3 最后用手指的第二个关节从嘴角斜向上提拉鼻周肌肤。

■ 清理三角区

　　总感觉鼻部三角区的黑头似乎总是清不干净，这就要从清洁入手，使用净化清洁水洗面，定期敷净化面膜；还要选择能有效隔离外界污染的防护型隔离产品。长期坚持，才会使鼻部干净而润泽。

调理水油平衡 ◢

1 用热毛巾敷脸1～3分钟，打开毛孔，湿润肌肤。

2 将顽固油脂的柔软剂滴在化妆棉上，敷在鼻头15分钟，然后用棉棒轻轻挤压擦拭。

3 然后敷上凉凉的毛孔舒缓面膜。

4 涂抹控油霜，使肌肤达到健康的油水平衡状态。

清洁配合鼻膜 ◢

1 利用蒸脸器蒸脸或者用热毛巾热敷，打开毛孔，软化粉刺。

2 用含有微量果酸的洁面乳由上往下轻轻地擦拭。

3 然后敷上清洁型去黑头面膜。

4 将洗脸毛巾放入冰块水中一会儿，然后取出敷在鼻头以收敛毛孔，大约敷30秒。

养护环节（六）

鼻部是"重灾区"

脸部最突出的部位不可放松

面部最高点的鼻部备受瞩目。而这个"三角区"也是最多事的区域，粗糙、脱皮、泛红等问题频频出现，在影响美观的同时，还是造成多种面部问题的根源，正确做好护理尤为重要。

■ 鼻部问题类型自测

用手指轻轻捏起鼻头，靠近镜子仔细观察，以下表格中符合最多项的就是你的问题鼻类型。

轻轻捏起鼻头
仔细地观察！

A 油光型粉刺鼻

□清晨照镜子时，脸部总是油光满面，每次触碰到肌肤时，都看到手上油亮亮黏糊糊的。

□肌肤很容易出油脱妆吗？因为毛孔粗大，粉底总是轻易钻进毛孔里。

□尽管时常用吸油纸来吸油，但是发现油好像越吸越多，好像漏斗一样。

□仔细观察鼻子上的毛孔，不仅粗大，而且毛孔都成圆形展开。

□平时在脸颊和额头部位特别容易长痘痘，痘痘伴随着油脂的分泌越来越多。

□工作压力很大，伴随着肤色暗哑，没有光泽。

□饮食中偏爱油炸、辛辣的食物，每餐都不能少。

B 角质型黑头鼻

□轻触鼻周肌肤时，发现肌肤表面凹凸不平，坑坑洼洼。

□使用了去黑头的鼻贴，黑头被清除了，但是毛孔还是黑黑的。

□偶尔想起来才会去角质，没有定期的保养习惯。

□卸妆时的力度一般都很大，而且喜欢速战速决，每次卸妆的时间都不超过 30 秒。

□工作很累的时候不卸妆，回家倒头就睡。

□炎热的季节黑色毛孔会更加明显，有时毛孔里还会长出粉刺和痘痘。

□很喜欢郊游，每周都会进行户外运动或者游玩。

先来为自己的鼻子
对号入座

C 老化型毛孔鼻

☐没有固定的护肤习惯，更不会坚持周期性护理，肌肤感觉干燥。

☐认为防晒只是夏天需要做的，并且跟鼻子关系不大，秋冬季节没必要继续坚持防晒。

☐睡眠质量差，起床后发现脸部水肿，"枕印"不易消失。

☐虽然不是油性肌质，但是两颊的毛孔比T区的还要大。

☐拿着放大镜观察鼻周毛孔，发现毛孔呈现出椭圆水滴状。

☐脸部肌肤有向下生长的趋势，眼尾和嘴角开始下垂，法令纹越来越深。

☐脸部轮廓越来越不清晰，而且很松弛。

D 敏感型泛红鼻

☐天气干燥时，鼻翼周围的皮肤经常发红，而且容易敏感、瘙痒、脱皮。

☐两颊肌肤敏感，就连鼻翼周围的毛细血管也非常明显。

☐仔细观察，鼻翼周围的皮肤就好像是冒油的橘子皮一样，凹凸不平。

☐平日里应酬比较多，辛辣食物、啤酒都是家常便饭。

☐经常加班熬夜，而且睡眠很少，生物钟紊乱。

☐鼻翼在发红的阶段，很容易滋生痘痘和皮屑，皮肤很痒。

☐肌肤出现问题时，很难彻底卸妆，经常到第二天清晨，才发现有没有卸除干净的彩妆。

E 黯沉型色斑鼻

☐很少做防晒，即使是紫外线非常强烈的夏天。

☐鼻子的肤色好像比脸上其他部位肤色深。

☐生活压力大，常熬夜或抽烟、喝酒。

☐鼻子以外的脸部其他部位有色斑。

☐鼻子上有斑点，一般化妆很难完全遮住。

☐每天面对电脑6小时以上。

■ 油光型粉刺鼻

鼻子出油不仅仅是毛孔的问题，还受油脂分泌的影响。如果你的鼻子在干燥的秋天都很喜欢出油的话，就要先从毛孔收缩开始解决了，抑制皮脂腺的分泌，降低出油量。

日常护理技巧 ▲

1 每天洗脸时，可以选择温度稍高一些的水，然后把脸贴在水蒸气中，使毛孔借助水蒸气的温度和热度张开，随后进行的清洁护理才能更加有效。

2 选择一款可以每天使用并对肌肤无负担的弱酸性去角质产品，每天温和地把鼻部角质去除掉。

3 角栓的顽固程度有时并不像想象的那样能很快清除，继续利用清洁品的吸附力来进一步清除角栓。

周期护理技巧 ▲

1 利用泡澡的时间，在毛孔呈张开状态时，贴上鼻贴，将鼻子完全覆盖住，这个护理每周进行一次就可以。

2 使用鼻贴后有时会出现皮肤敏感的现象，要及时给肌肤补水，含有保湿效果的美容液可以充分滋润毛孔，抑制油分的过多分泌。

3 使用含有蛇床子、百部、蒲公英等驱虫植物成分的保养品，将寄生于毛孔中的毛囊虫彻底消灭，避免了毛囊虫以皮脂为食物又加速皮脂分泌的恶性循环。

■ 角质型黑头鼻

想要摆脱"黑头"鼻，要运用科学有效的清洁方式，打圈按揉是最有效且安全的方式，配合含有有效成分的去黑头产品能轻易去除黑头，撕拉型的清洁产品只能做应急使用，但不要过于依赖。

软化并打圈清洁 ◢

1. 鼻周老废角质较多，要在不刺激肌肤的前提下有效清洁，可以涂抹浓度为 10%～15% 的果酸凝胶，要留出充分溶解黑头的时间。

2. 用卸妆油加上小苏打可以帮助软化角质，这样，肌肤表面的黑头轻而易举就浮出来了，然后使用打圈的方式轻轻揉搓，可以有效清洁黑色毛孔，并使皮肤表面光洁。

撕扯型清洁产品 ◢

1. 选择鼻贴或者撕拉式面膜，将鼻部完全包裹，这种方法只可应急使用，千万不能依赖，撕扯皮肤会使毛孔开合能力减弱，应对黑头还是以预防、清洁为主。

2. 也可用细小的镊子一一拔除鼻头的黑头，但是拔除黑头所用的镊子一定要严格消毒，否则会将更多的污垢带入毛孔，感染鼻周肌肤。

去黑头后续护理 ◢

1 用指尖蘸取含有维生素C成分的精华液，仔细地涂抹在鼻周的每一处肌肤，然后看看鼻周有哪些位置黑色素沉积过多，可以再涂抹。

2 鼻周肌肤往往不是很容易吸收护肤品，所以涂抹时要仔细按摩才可以，推荐使用美容导入仪，促进产品渗透到肌肤深处并发挥功效。

3 使用冰镇化妆水面膜冰敷整个鼻部，舒缓受到刺激的皮肤，避免清理黑头后毛囊敏感导致鼻头泛红。

■ 老化型毛孔鼻

　　忽略保养与防晒，肌肤绝对未老先衰，如果再加上熬夜、抽烟、喝酒等不良生活习惯，毛孔绝对会变得粗大、下垂；因为自由基会使肌肤更新能力变弱，而随着年龄增长，肌肤中的胶原蛋白与弹力蛋白逐渐流失，造成肌肤弹性变差，毛孔也渐渐扩大、松弛。这时补充抗氧化养分（如维生素C、维生素E）便能预防老化，或以胜肽、蚕丝蛋白、果酸等刺激胶原蛋白增生，使岁月流逝而饱受地心引力摧残的松垮毛孔日渐饱满，彻底摆脱底妆卡在毛孔的窘境。

轻柔深层清洁 ◢

1 将含有水杨酸的化妆水的去角质凝露倒在化妆棉上，将化妆棉浸湿。

2 用示指和中指夹住化妆棉，在额头上以旋转打圈的方式进行按摩，起到去角质的作用。

3 用化妆棉在鼻梁上从下往上擦拭，然后在鼻翼两侧上下来回擦拭。

收敛毛孔 ◢

1 选择质地较厚的化妆棉，将收敛水倒在厚化妆棉上，将化妆棉浸湿。

2 用示指和无名指夹住化妆棉，用化妆棉轻拍鼻部肌肤，使化妆水进入毛孔中。

3 用含有收敛水的化妆棉湿敷在鼻翼处。

4 最后在肌肤上涂抹具有控油收敛成分的精华液。

▪ 敏感型泛红鼻

　　鼻子泛红主因是肌肤受到刺激，如洗面产品或保养品残留在肌肤表面，长时间下来造成肌肤变薄、变敏感。敏感肌肤日常保养以简化程序为主。用较冷的水洗脸，省略去角质和角栓等步骤。至于在保养品的挑选上，避免使用含有疗效性强、过于活性和可能对皮肤产生刺激的成分的产品。另外，敏感性肌肤的皮层较薄，对紫外线的抵御能力较低，所以更要注意做好防晒工作。

每日的防晒护理 ◣

 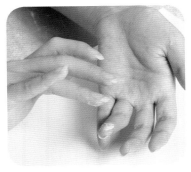 

1 紫外线容易造成敏感加重。敏感肌肤应选择各种药妆品牌推出的专用物理性防晒产品，取适量防晒品在指腹上。

2 所有防晒霜在开始使用前在手腕内侧或耳后测试。涂抹防晒霜应避免摩擦，可以用指腹进行轻轻地拍按。

定期深层补水护理 ◣

1 干燥会加重敏感状况，定期进行补水护理十分必要，选择针对敏感肌肤的专用润肤水，均匀倒在化妆棉上。

2 将浸湿的化妆棉轻轻敷在鼻部干燥脱皮处8分钟，时间过长反而会导致肌肤敏感，湿敷完后，涂上润肤乳液即可。

黯沉型色斑鼻

鼻部产生色斑的原因非常多，紫外线的照射、自身内分泌失调都可引发色斑形成。首先，抑制酪氨酸酶活性，抑制黑色素细胞增长的防晒工作必不可少；通过按摩促进肌肤血液循环，加快皮肤毒素的代谢也很重要，净化的局部护理可以加速淡化斑点。

斑区精华护理

1　使用淡斑精华打散聚集的黑色素，用手指蘸取淡斑精华，点涂在鼻部有斑点的地方。

2　用中指指腹轻轻按摩斑区，以促进精华的吸收，加速黑色素的代谢。黑色素代谢完至少需要2～3个月的过程，不能急于求成。

3　鼻梁与两颊处密集的斑点，可以使用美白精华液，浓度高的美白成分在淡斑功效上也具有明显的效果。

面部穴位艾灸

离皮肤10厘米

用艾灸条在鼻部两侧的四白穴进行热灸，以促进面部血液循环，注意艾灸条不要靠皮肤太近，以免烫伤。

小提示

珍珠粉内外兼修

珍珠粉含有的锰、铜、锌等三种微量元素是SOD的组成部分，内服珍珠粉能有效清除自由基，抑制黑色素的合成，改善黑色素沉着，淡化色斑，预防斑点产生。也可在洁面后，取珍珠粉配合适量牛奶混匀后敷于斑区，并轻轻按摩以促进血液循环，15分钟后洗去。也可以在面膜里加入适量维生素E、蜂蜜，将会更加滋润。

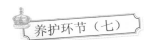
养护环节（七）

眼部是老化"第一站"

✡ 别让眼睛留下时间印记

25岁以后，眼周肌肤就开始走下坡路了，眼部是全脸视线最集中，也是最脆弱的部位，肌肤的老化程度与保养力度会第一时间反应在眼部，护理不当，会出现难以逆转的老化。

■ 眼部的护理原则

黑眼圈、眼纹、眼袋、水肿等肌肤问题接踵而来，还经常让人措手不及，眼部肌肤比想象得更加脆弱，比其他部位更早出现老化，对于娇弱的眼部，预防和护理十分重要。

眼部肌肤特点 ◢

眼周皮肤十分嫩薄，有许多细微皱褶，水分蒸发速度较快；同时，由于眼周皮肤的汗腺和皮脂腺分布较少，特别容易干燥。这些因素决定了眼睛是最容易老化并出现问题的地方。

眼部常见问题 ◢

通常眼部干纹、细纹的出现，是因为护肤品供给不够，保养不到位造成的。眼部肌肤的吸收力较大，应选择使用一些容易吸收、分子小的眼部护理品进行保养。从质地上来说，清爽、凝胶、凝露质地的保湿眼部护肤品适合年轻女性使用。而偏滋润型的眼霜适合熟龄女性。不少年轻女性为了提前保养，开始使用滋润型眼霜，从而也造成了肌肤负担，长出了脂肪粒。

问题一：黑眼圈、水肿
根本原因是微循环不畅造成的。无论是熬夜、身体状况不佳或者遗传等原因，会使眼部肌肤多余水分等代谢物无法及时排出。缓解眼部疲劳，促进眼部血液循环和淋巴循环，保湿并提高肌肤保护力。

问题二：眼袋
眼袋分为两种，松弛型眼袋和脂肪型眼袋。薄而干等诸多因素导致眼部肌肤比其他部位更快老化，同时微循环不畅造成多余水分等代谢产物，形成眼袋。尽早使用眼部保养品，保持眼部滋润，紧实肌肤，从而改善松弛现象。脂肪型眼袋基本是因为遗传造成的。通常来说，使用护肤品对它的改善效果不大。

问题三：细纹、皱纹
使眼部真皮层胶原蛋白和弹性纤维提前老化、断裂。当出现干纹时，只是因为表皮肌肤缺水造成的。保持眼部滋润，缓解眼部疲劳，帮助修护真皮层的弹性，促进眼部肌肤的新陈代谢。

■ 熬夜型黑眼圈

即血管型黑眼圈。一般为寒冷体质或熬夜睡眠不足导致的血液循环不畅引起的黑眼圈，主要由于血液循环不通畅，血液淤积使眼皮的静脉回流不佳，加上眼皮本身就薄，导致外观上呈现静脉血的青色。预防更胜于治疗。通过对眼部周围穴位按摩和身体的淋巴循环按摩能加以缓解。

冷热敷缓解黑眼圈 ◢

1 每日于洁面后可用热毛巾与冷汤匙交替敷，利用"一松一紧"加速血液循环。洁面后，用热毛巾轻轻地热敷眼部。

2 用在冰箱里冻过的冷汤匙，冷敷在眼周部位。冷敷的位置分别是眼角、下眼睑、太阳穴、上眼睑。

3 热毛巾敷在脖颈后侧，促进头部血液的流速，加快眼部的代谢。尤其适合缓解生理期前熬夜造成的黯淡眼圈。

按摩促进血液循环 ◢

四白

1 轻按黑眼球下方的四白穴，并从左向右反复移动按压，减轻黑眼圈，缓解疲劳。
四白：位于眼眶下方，瞳孔直下的凹陷处。

2 用指腹从耳后的完骨穴沿着颈筋的方向缓慢向下，以致按压到锁骨与颈筋交界处。

3 将双手互相摩擦，待手搓热后用手掌熨帖双眼，反复三次，用示指、中指、无名指的指端，轻轻按压眼球，也可以旋转轻揉。按摩20秒钟左右。

局部眼周点按法

1 用无名指轻轻地对内眼角进行按压。

2 用中指指腹力度均匀地点按下眼睑。

3 用双手的中指与无名指交替按下、弹起下眼睑，从眼角开始往太阳穴方向移动。

4 用双手的中指与无名指轻轻地对太阳穴进行按压。

5 从上眼眶眉骨下方的眼角处开始，沿上眼睑弹按至太阳穴。

 小提示

眼周保湿对抗黯沉

　　眼睛下方真皮层的皮肤本身就很薄，皮肤含水度较低，因此血管颜色就更容易凸显，形成外观上的黯沉、肤色重的情况。所以保湿工作对眼部护理来讲是一大重点。在医学美容里，将"保湿天后"玻尿酸注射于眼睛下方的真皮层，以填补修复缺水又薄的眼部肌肤，有效改善黑眼圈的现象。

■ 松弛型黑眼圈

　　肌肤松弛通常是因为年龄增长、胶原纤维减少、紫外线照射而引起的。可以使用增加胶原纤维弹性的紧实型眼霜，这是预防和去除松弛型黑眼圈的最好方法。涂抹眼霜或精华素后进行眼部按摩，可以更好地促进营养成分的吸收。

冷热敷缓解黑眼圈 ▶

1 在眼周干燥、黯沉部位眼霜稍涂厚一些，涂抹的厚度以盖住皮肤原来的颜色为标准。

2 用保鲜膜从上往下盖住涂抹眼霜的部位，可以使眼霜快速渗透进肌肤。5分钟后取下。

3 用示指、中指和无名指沿上、下眼睑的眼骨并按眼角到眼尾的方向轻轻按压3次。

抗老化润目疗法 ▶

1 将双手互相摩擦，待手搓热后用手掌熨帖双眼，反复三次，用示指、中指、无名指的指端，轻轻按压眼球，也可以旋转轻揉。按摩20秒钟左右。

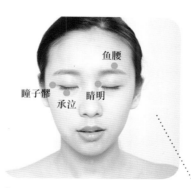

2 然后点按鱼腰穴、瞳子髎穴、承泣穴、睛明穴，最后先轻按太阳穴，再以画圈的方式按摩太阳穴。

瞳子髎：位于眼睛外侧1厘米处。
承泣：位于瞳孔直视时的正下方，眼球与眼眶下缘之间。
睛明：位于眼眶内上角，眼内眦旁1厘米处。
鱼腰：位于额部，瞳孔直上，眉毛中间。
太阳：位于耳郭前面，前额两侧，外眼角线延长线的上方。

■ 色素型黑眼圈

日晒、卸妆不彻底、摩擦、异位性皮肤炎等，不正确的保养方式会慢性刺激皮肤，久而久之导致眼周色素沉着，一旦出现便很难消除，通常呈咖啡色。需要一段时间加强眼部的清洁、美白保养。

日常养护 ◢

1 用含有维生素C、绿茶萃取等复方成分的眼部防晒霜，在下眼睑涂抹一层防晒品，用指腹沿下眼睑从眼角至眼尾方向边上提边涂开。

2 使用专门针对眼周肌肤的眼部卸妆液、眼部清洁啫喱，用双手中指与无名指自眼角经下眼睑向眼尾再经上眼睑清洁眼周。用干净毛巾吸干眼部肌肤，避免摩擦造成的细纹。

促进代谢 ◢

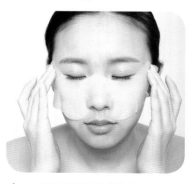

弹钢琴

1 对于长期已形成的黑眼圈或色素沉着，每周使用1~3次保湿或美白类的眼膜，选择含左旋维生素C、Q10、维生素A或乳糖酸等美白活化成分，淡化色素。

2 以轻柔弹压式的手法为主，用中指和无名指由内往外轻弹100下，促进眼周血液循环与营养吸收。

3 双手半握拳，用指背从耳后下方开始，滑动推按至锁骨位置，并在锁骨处稍加用力按压5次。

■ 去除眼袋

女性在25～30岁就会有眼袋困扰，如果眼下时常出现水肿，这说明眼袋问题已经形成，去眼袋需要坚持不懈地精心呵护才能完美逆龄。

松弛型眼袋

涂眼霜时给眼周做个按摩，促进微循环，对于预防眼部脂肪堆积、消除眼袋有很明显的效果。因皮肤松弛出现的眼袋，需要配合使用一些抗松弛的精华乳来增加胶原蛋白含量。

1 取绿豆大小的眼霜，利用双手指腹相对揉匀，唤醒眼霜中的有效成分。

2 涂抹眼霜后，用中指和无名指指腹快速拍打眼睛下部，拍打20次左右。

3 用中指和无名指的指腹，以轻拍的方式由内眼角向外眼角移动至太阳穴，并向上提拉，重复3遍。

4 用中指和无名指横分成V字形，由内眼睑向外眼睑提拉延伸到太阳穴，重复3遍。

5 分别按压上、下眼睑的眼角、中部、眼尾，各按5秒。

6 用中指指腹重点叩击下眼睑的眼袋部位，轻轻叩击约1分钟。

7 中指与无名指按图示方法，绕眼部环形肌分别做八字按摩。

8 双手掌心相对揉搓至发热，用掌心覆盖于眼部，促进吸收。

水肿型眼袋

　　睡眠不足、生理期等因素，会导致眼周血液循环缓慢，废物毒素沉积在眼部，过多的水分滞留，形成眼部水肿，可以通过促进眼周循环的方法加以改善。

1 使用清爽型的眼霜或精华液后，用中指和无名指指腹，由眼角至眼尾轻轻地按压眼窝上方，反复做3次。

2 沿眼眶边缘，从眼角开始，用中指和无名指指腹一点点地缓慢滑动到眼梢部位。

3 由上眼眶开始，用双手指尖，如弹钢琴般，有节奏地由内至外围绕整个眼周弹动。

4 用指腹从鼻翼两侧至太阳穴轻轻滑动按摩；以上提的手法，边滑动边按压。

5 从眼部下方的四白穴开始，向太阳穴方向，用中指、无名指指腹慢慢地滑动按摩。太阳穴处稍加力按3秒。

6 头部略倾斜，将一只手的手掌置于相对侧耳部的下方，由上向下沿颈部按压至肩膀部位。换另一侧同样按摩。

养护环节（八）

双唇令微笑更甜蜜

✦ 包包里时刻携带一支护唇膏

由于唇部肌肤抵御外界刺激的能力和眼部肌肤一样脆弱，而频繁的活动又使双唇成为老化的"事故多发区"。干燥、黯沉、唇纹等难以避免。所以，双唇更需要细致入微的养护。

■ 唇部问题成因

唇部问题不是一朝一夕形成的，严重的会形成难以逆转的唇纹。防患于未然就要了解唇部问题成因，做好预防，发现问题及时进行护理，才能使唇部肌肤保持水润有弹性的健康状态。

唇部常见问题

问题一：干燥
唇部皮肤没有皮脂腺，水分蒸发得比脸部更快，很容易脱水。可以随身携带一支润唇膏，除了选择含维生素 E 等成分的，防晒系数应达到 SPF25。

问题二：唇色黯沉
卸妆不彻底会加重唇色黯沉，唇部护理必须先使用优质的护唇油，也可选用具有保湿功效的凝胶状护唇膏，锁住水分，减轻色素沉淀。

问题三：唇纹
随着年龄增长，角质层中的胶原质数量会不断减少，弹性变弱，导致唇纹增多，甚至蔓延到唇周。临睡前可以在唇部涂上一层橄榄油充分滋润。

问题四：干裂脱皮
唇部严重缺水时会出现脱皮现象。而频繁舔嘴唇会加速带走唇部水分，容易引起深部结缔组织的收缩和唇黏膜的发皱，反而会使嘴唇更干。

随身携带一支优质的护唇膏。

护唇三大原则

原则一：嘴唇也要防晒
唇部皮肤没有色素保护，颜色又比其他部位的肤色深，最容易吸收紫外线。而紫外线是制造干燥和衰老的元凶之一。出门时要擦防晒润唇膏，在外也要随时补充。

原则二：嘴唇也要适当美白
选择含有维生素 C 的衍生物、洋甘菊、甘草等成分的美白产品，应该避免酸度比较高的成分或者浓度比较高的果酸，以免对唇部产生刺激。

原则三：选择优质护唇膏
过多使用不脱色护唇膏，因其中含有易挥发成分，所以很容易导致嘴唇干裂；而一些廉价唇膏里含有大量未经提纯的油和蜡，会影响唇部皮肤的新陈代谢。

■ 白天的护唇

　　双唇不存在可以分泌油脂的皮脂腺，缺乏天然的保护膜，并随着年龄的增长，唇部肌肤角质层中的胶原含量也会不断减少，会直接导致皮肤松弛，皱纹增多，因此保湿补水是护唇的重点。

按摩减淡唇纹 ▲

1 用拇指和示指捏住上唇，示指不动，拇指轻轻揉按。

2 用示指和拇指捏住下唇，拇指不动，轻动示指按摩下唇。

3 用上述方法反方向有节奏地按摩上下唇，反复数次。

4 用两手中指从嘴唇中心部位向两侧嘴角揉按。

5 先上唇后下唇，可反复几次，会使肌肤有被拉长的感觉。

涂唇膏的技巧

1 唇上起皮时，千万不要拿手硬撕，先用热毛巾敷两分钟，

2 待皮肤完全软化之后，再涂一遍护唇膏。

3 用餐过后，必须先拿纸巾擦净唇上的油分，然后在涂抹唇彩或者唇膏。

4 长时间涂抹有色唇膏也会造成嘴唇的干燥，所以在上妆前可先用滋润油打一层底，可长久保持滋润。

淋巴排毒恢复唇色

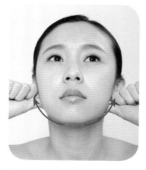

1 按照从下巴到耳后的方向，用拇指的指肚按摩淋巴结。

2 按压耳后下腺，促进废弃物的流动。

3 用双手拇指与示指指尖由唇部中央开始轻捏嘴唇直至嘴角。

4 对着镜子，双唇向内抿，并用牙齿轻咬双唇，彻底放松唇部。

■ 夜间的护唇

夜间是唇部进行修复和加倍滋润的好时机，相较于日间，晚间润唇产品需要加倍补水保湿，需要有修护、抗氧化、去唇纹等深层功效，还能当唇膜使用。

柔化干燥肌肤 ◢

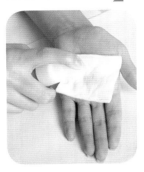   

1 为了避免唇部肌肤敏感，在选择卸妆液时，应尽量选择性质温和的。

2 用充分浸湿卸唇液的清洁棉轻轻按压在双唇上5秒钟，再将双唇分为4个区，从唇角往中间轻拭。

3 用一把软毛刷在嘴唇上轻柔地来回刷，注意动作一定要轻柔，要不会起到反效果。

4 刷完后，用手指按摩唇部周围，这样可以刺激血液循环，收紧嘴部轮廓，防止肌肉松弛。

美唇运动 ◢

1 嘴巴以发"啊"音的形状尽量张开，持续3秒钟后慢慢放松。重复做3次。

2 以发"喔"音的形状将嘴唇用力撅起，持续3秒钟后慢慢放松。重复做3次。

3 以发"一"音的形状将嘴唇用力撅起持续3秒钟后慢慢放松。重复做3次。

4 以发"哎"音的形状将两侧嘴角上扬，持续3秒钟后慢慢放松。重复做3次。

■ 每周的唇部保养

如同我们的脸部皮肤一样，唇部肌肤一样需要定期的护理，包括彻底的清洁、去除老化角质、敷唇膜等等。

唇部角质大扫除 ▲

1 取适量维E、蜂蜜加入白砂糖拌匀制成去角质磨砂膏。将自制的磨砂膏均匀涂抹在唇部皮肤上，并将磨砂膏轻柔向唇部两边推摩。

2 利用装满热水的杯子对嘴部进行热气熏蒸，软化唇部死皮。

3 用柔软的牙刷在嘴唇上进行横向推扫，力度要轻柔。

4 用化妆棉或面巾纸擦掉残留在嘴唇上的死皮屑。

"蒸汽烫" 修复干裂唇 ▲

1 将橄榄油倒在化妆棉上，并用双手揉搓化妆棉，使橄榄油均匀分布。

2 将化妆棉贴在装有热水的玻璃杯外侧，不建议用微波炉加热。

3 双唇抿住加热后的化妆棉，使嘴唇吸收温热的橄榄油成分，最少等60秒。

4 待棉片变温后取下，擦拭嘴唇，然后涂抹上润唇膏。

■ 唇周的护理

唇周O形区域，尤其是唇缘边的肌肤十分脆弱，容易有松弛、嘴唇与肌肤交界处出现黑头粉刺等问题，在进行脸部保养时，不要疏忽唇周的细节部位。

去除唇周老化角质 ◢

唇周肌肤容易因干燥而敏感，在去角质时，先通过热敷对角质进行软化，可在改善肌肤粗糙的同时，减少局部刺激。

1 用热毛巾热敷在需要去除角质的唇周肌肤上，以软化角质。

2 嘴唇正下方的凹陷处比较粗糙，易生白头，去角质时需要重点揉搓。

3 唇角处往往粗糙晦暗，以双手中指指腹打圈按摩嘴角处，彻底清除老化角质。

唇际黑头清扫 ◢

嘴角及其下方是黑头、痘痘频发区域。对于生长较浅的黑头，可以定期使用黑头软化液湿敷后，用消过毒的粉刺针进行清除。

1 将化妆棉剪成小片，滴上黑头软化液，敷在唇际10～15分钟。

2 用棉棒蘸取黑头软化液打圈按摩黑头处，进一步软化黑头。

3 用粉刺针轻推黑头四周，使黑头被自然挤出，切忌大力按压。

4 用浸湿爽肤水的化妆棉将污垢擦拭干净。

预防唇周细纹

唇周皮肤干燥缺水，微笑时会在唇上方隐约出现斜向排列的细纹，嘴角附近的肌肤呈现松弛状态。每天做唇周按摩，不仅能使护肤成分更好地吸收，同时还能减少皱纹形成。

1 上、下唇包住牙齿，同时嘴角横向拉伸，此动作可以锻炼下颌和颈部之间的肌肉。

2 以双手示指、中指、无名指三指指腹自嘴角开始，经过鼻翼两侧向上提拉肌肤。重复提拉3遍。

3 以双手示指、中指、无名指三指指腹自下颌开始，向耳朵下方提拉下颌轮廓线。重复提拉3遍。

4 以双手中指与无名指指腹按压嘴角两边，5秒钟后慢慢松开，然后再按压，重复按压5次。

唇周脱毛

唇周的汗毛不适宜自己拔除或刮掉，容易造成敏感，还会令局部毛囊受到伤害，导致毛孔变得粗大松弛。用脱毛膏是较为简便并相对安全的方法，但是敏感性肤质最好不要自行处理。脱毛后的毛孔处于张开状态，肌肤较敏感，应立即进行镇静、收缩毛孔护理，可以用冰块来舒缓。

1 在汗毛比较密集的唇部上方涂抹一层脱毛膏。

2 静待5分钟左右，用化妆棉擦拭涂抹有脱毛膏的部位，并用温和的洁面品进行局部清洗。

3 在脱毛的部位拍打上有收敛效果的爽肤水，黄瓜汁是很好的天然收敛水。

养护环节（九）

脂肪粒不再是困扰

✿ 最容易出现在眼睑周围

脂肪粒在医学上叫栗丘疹，看上去是针头大小的凸起小颗粒，长脂肪粒和使用护肤品没有直接关系。一般和肌肤受损、保养手法不当或皮肤病有关。

■ 脂肪粒的成因

脂肪粒不单单只是"脂肪长成了粒状"。也有很多人归结为是眼霜惹的祸，其实也没有这么简单。下面就解开这个小东西的神秘面纱。

脂肪粒从何而来 ◢

脂肪粒的起因多是皮肤上用肉眼几乎看不到的微小伤口，而在皮肤自行修复的过程中，多余的修补成分就会生成一个白色小囊肿。另一种是由于皮脂被角质所覆盖，不能正常排出，堆积而形成了白色颗粒。

眼霜是罪魁祸首 ◢

很多女性在使用一些营养型的眼霜时，常常不进行按摩，直接将眼霜涂抹在眼睛周围，致使营养物质没有被全部吸收，这些残留物堆积在毛孔里，就更加让皮脂排不出，加重了颗粒的形成。因此，此时的眼霜可以算作一个诱因，但主导仍然是肌肤自身的问题。

内外兼顾做调理 ◢

首先，如果近期身体内分泌有些失调，致使面部油脂分泌过剩，再加上皮肤没有得到彻底清洁，导致毛孔阻塞，就容易形成脂肪粒。因此在这个阶段，要特别注重清洁。其次，面部磨砂产品或深层清洁产品的选择上也要十分注意，面部磨砂最好在有热蒸汽环境下进行，这样可以保证润滑度，不易划伤皮肤，且磨砂微粒融得更快，减少了刺激。并且在成分上，也应以化学磨砂为主，即可全部融化掉的，不残留小颗粒的为好。

6个步骤对抗脂肪粒

虽然一些小脂肪粒可以用粉刺针自行挑除，但一旦处理不当就容易引发感染而留下疤痕，最好到美容院做专业处理。使用眼霜、维生素E等，配合清洁、按摩的重点护理，虽然耗时久，但更安全。

1 选用深层洁面产品柔和洁面，不要过度清洁或者卸妆，大力按摩和使用磨砂产品，会使皮肤表面形成微小的伤口，诱发脂肪粒生成。

2 对于已产生的脂肪粒，则要使用一些含有水杨酸的产品，以疏通堵塞的毛孔，令脂肪粒自然脱落。

3 选用容易吸收的保养品，轻薄的水乳质地并不意味着不够滋润，却不会产生脂肪粒。

4 眼周出现脂肪粒，建议选用眼部啫喱，其成分中大多含有透明质酸，可以消除黑眼圈，还可以防止脂肪粒的产生。

5 取适量眼霜涂抹眼周肌肤，用指腹轻轻按压、拍打，然后沿着眼周肌肤打圈按摩，促进眼霜吸收，每天可做眼周按摩，促进眼部的血液循环。

6 每晚洁面后，用维生素E油涂抹在长脂肪粒处，每天坚持使用，3～4周，脂肪粒就会自行脱落。使用维生素E虽然见效慢，但比较安全，特别适用于长在眼周的脂肪粒。

养护环节（十）

晒后修复要及时

✿ 别让紫外线"肆虐"娇嫩肌肤

对于晒后受伤、发红，甚至脱皮的问题皮肤，不要急于在第一时间使用面膜，市面上的面膜大多含有防腐剂，会更加刺激皮肤。应选用科学办法，循序渐进地对晒后肌肤进行修复工作。

■ 晒后第一时间修护

日晒经常不可避免，晒后肌肤会觉得烫烫的，除了感觉不适，在肌肤内部的黑色素已经开始蠢蠢欲动了，抢在晒后第一时间做好急救保养最为关键。

及时补水

日晒后的肌肤水分大量流失，因此时刻保持肌肤的水分充足是美白肌肤的首要条件，选择高保湿的海洋矿物喷雾水、保湿化妆水等，其分子量极小，可直接透过皮肤渗入皮下，晒后，可以喷在脸上或用化妆棉湿敷，既镇静皮肤又保湿。

全天修护

白天使用美白产品抵御紫外线的侵害。但夜晚的美白修护同样必不可少。晚上细胞的再生速度比白天快两倍，因而黑色素也会继续产生，因此晚间是进一步美白修护肌肤、提升净白效果的最佳时间，能更有效地修护细胞，使肌肤做好充分准备，加强白天防御紫外线的能力。

加强美白

修复晒后色素沉积，并在短时间内净白，不妨使用美白面膜为肌肤进行加强护理，在敷面膜时，再覆盖一层保鲜膜，使面膜中大量的美白精华液深层吸收与渗透，使肌肤在短时间内回复水嫩透白，但是需要注意的是，晒后肌肤容易出现炎症，使用酸性的美白面膜时，易产生红疹等敏感反应，对于易敏感肌肤，晒后立刻敷补水面膜，使缺水肌肤得到降温和水分补充。

眼周修护

易干燥的眼周部位晒后尤其要注意补水，但是面部保湿霜或者保湿面膜并不能够很好地被眼部肌肤吸收，所以还是应该选择专业的保湿眼霜或者眼膜，从而更加有效地缓解眼部肌肤干燥。

晒后修复第一阶段——三明治护肤法（1～3天）

晒后的72小时是肌肤的"黄金修复期"。日晒后，肌肤表皮细胞会受到一定程度的损伤，出现泛红、炽热现象，为了让肌肤从刺激的状态中恢复过来，必须先降温，再加强补水、镇静护理。

巧用芦荟胶

芦荟胶不仅可以除痘，其中的一些成分能在皮肤上形成一层无形的膜，防止日晒引起的红肿、灼热，保护皮肤免遭灼伤。这是因为芦荟含有丰富的天门冬氨酸、甘氨酸、丝氨酸等有利于皮肤代谢的氨基酸，可阻止阳光中长波紫外线对表皮的伤害和氧化，保护表皮细胞的还原代谢，还具有抗辐射能力。

1 将化妆棉浸泡在冰镇过的化妆水中几分钟，贴在面部发烫处，缓解灼热感。

2 用矿泉喷雾喷湿全脸，喷时要距离脸部约20厘米。闭上眼睛，按压瓶嘴3～4次。

3 在脸颊晒伤严重处（T区、颧骨处）加厚涂抹芦荟胶，涂抹时要避开眼睛。

4 用喷雾打湿纸膜，敷在脸上，再用喷雾加强服帖和保水度。

5 边敷面膜边向脸部喷化妆水，保持面膜的滋润度。

6 较严重的话，全脸涂抹保湿面霜后局部涂抹修复软膏。

■ 晒后修复第二阶段：镇静抗敏（4～5天）

当红肿、疼痛退却之后，能明显感觉到肌肤变得干燥、粗糙，严重的甚至出现蜕皮现象。此时不可以去角质，而应当把护肤重点放在补水上面，渐渐调理肌肤的新陈代谢。

1 将天然矿泉水喷雾均匀地喷洒全脸。

2 涂抹芦荟胶，增强肌肤的抗氧化力。

3 使用含有洋甘菊、金缕梅等抗敏成分的面膜敷脸，停留15～20分钟。

4 使用敏感肌肤专用的面霜，按压式地涂抹在全脸，这时使用的面霜，最好成分精简，具有抗敏功效。

■ 晒后修复第三阶段：加强调理（6～7天）

晒伤后出现的皮肤干燥、灼热、泛红等问题，经过一周的集中修护，除了减轻不适症状，还能避免肌肤因日晒造成损伤而导致脱皮、长斑等严重问题，肌肤会重现活力。

1 在水中滴入1～2滴薰衣草精油和迷迭香精油并调匀，抑制黑色素。充分浸透面膜纸。

2 去除面膜纸的多余水分，湿敷全脸，约敷10分钟后取下，用手掌捂住脸部促进吸收。

3 涂抹具美白保湿凝露，抑制斑点形成，润泽的凝露质地不会给修护期的肌肤造成负担。

养护环节（十一）

苹果肌拒绝"村红"

✿ 红血丝是敏感的一种表现

面部红血丝是一种常见但容易被忽视的皮肤问题，红血丝皮肤薄而敏感，过冷、过热时脸色更红。这种肌肤问题难以治愈，严重者还会形成沉积性色斑，去除红血丝迫在眉睫。

■ 红血丝的起因

引起红血丝的原因大致为遗传和诱发。季节转换，气温骤变，皮肤毛细血管扩张，角质层受损等会引起发红现象。另外，敏感肌肤经常会出现红血丝，如果不加以护理就很可能形成沉积性色斑。

常见诱因 ◢

诱因一：护肤品刺激
如护肤品中酸性成分的破坏和激素依赖毛细血管扩张破裂，或使用一些含重金属的化妆品等，毒素残留表皮，引发敏感，破坏角质层，形成红血丝。

诱因二：环境刺激
寒冷刺激使毛细血管耐受性超过了正常范围，引起毛细血管扩张破裂。强烈的紫外线辐射破坏角质层，引起毛细血管扩张性能差，导致红血丝。

诱因三：敏感肤质
敏感皮肤一般角质层薄，对外界刺激较敏感，导致末梢血管时紧时松，呈现反复淤血状态，造成血管迂回扩张，诱发红血丝。

平复成分 ◢

洋甘菊能平复破裂的微血管，增进血管弹性；甘草具有很好的消炎作用，可缓解刺激；绿茶中所含的多种氨基酸能有效促进脂质形成，修护润泽肌肤，增强肌肤自身的免疫力；尿囊素具有激发细胞健康生长的能力，对破裂的微细血管有积极的愈合功效，能使皮肤保持柔润。

一切从简 ◢

红血丝肌肤的角质层薄，不能较好地保水，在干燥季节，皮肤缺水、干燥状况会比较严重，因而日常保养中加强保湿非常重要。除使用含保湿成分的化妆水、护肤品外，还应定期作保湿面膜。但需要注意的是，红血丝肌肤不要过度护肤。特别是很多功效型保养品，要求其活性成分能透过皮肤，作用到皮肤深层才能产生高效。对红血丝皮肤来说，高浓度、高效果就是高敏感。应使用不带给皮肤负担的非功效型护肤品。

■ 红血丝肌肤日常护理

　　红血丝皮肤应该十分重视日常护理，特别是气温骤降，空气中的水分子十分不稳定，如没有合理的护理方案，只会加重红血丝的症状。要想彻底摆脱"红脸蛋"，切不可急于求成，要持之以恒。

日常密集护理法 ◢

1 清洁不可过度，不要选用皂型洗剂，其所含的界面活性剂是分解角质的高手，最好使用乳剂，可以调节酸碱度以适合红血丝肌肤。

2 使用舒缓、抗刺激的喷雾，抵抗外界的刺激。最好使用无酒精、无香料、无防腐剂的保湿护肤品，尽可能减少刺激。涂一层祛红血丝的修复乳，可以进一步强化微血管壁。

3 防晒品成分也是造成刺激敏感的因素之一，但日晒会导致红血丝加重，所以，防晒品是必要的，只要注意在涂抹基础保养品后，再涂上一层防晒品，不直接涂在皮肤上会比较好。

循序渐进法 ◢

洋甘菊自古即被视为可镇静及舒缓效果绝佳的药草。

1 涂含洋甘菊的精华液，也可以使用洋甘菊、金盏草精油由下自上轻按泛红部位，注意不要按摩。每周1～2次。促进血液循环，修复角质层，淡化红血丝。

2 选用性质温和的天然成分面膜敷面，且敷面的时间不要超过10分钟。

养护环节（十二）

别让肌肤太敏感

敏感往往是老化的警示信号

肌肤出现脱皮、刺痛、发痒等，换用新护肤品会不适应，如果并不是敏感肌肤，又出现上述状态，有可能已经处于危险"敏感边缘"，一旦疏于护理，就会形成真正的敏感性肤质。

■ 皮肤为什么敏感

季节转换时容易出现敏感，干燥、紧绷、发红、刺痛、脱皮，特别是受到冷刺激时，容易引起红斑和皮屑，甚至出现发炎、红肿。

皮肤为何会敏感

从医学上讲，肌肤敏感并不是指过敏。皮肤能防御外来异物侵入，但是如果免疫系统失调，皮肤就对入侵物产生过度反应，这也是导致敏感的主要原因。

诱因一：先天性敏感
皮肤先天脆弱易敏感，真皮层血管明显且敏感，易受外界刺激而发生敏感反应。

诱因二：刺激性敏感
因冷热或气温变化、紫外线和外界污染而发生的刺激反应。

诱因三：接触性敏感
通常由于皮肤接触到化妆品中的某种刺激成分或羊毛织物等，产生不适感。

诱因四：神经性敏感
皮肤表皮薄，毛细血管壁脆弱，对环境变化等有明显的反应。

选购时要先确认是否含有酒精成分。

使用安全护肤品

敏感肌肤往往因为干燥而引起或加重过敏反应，保湿对于缓解敏感十分有效，但是在选择护肤品时，即使是以植物性成分为主的护肤品也有引起敏感的可能，购买前要进行过敏测试，判断是否含有酒精成分：

1.打开瓶盖，凑近瓶口能闻到很明显的酒精味道，说明酒精含量很高。
2.拿起瓶子狠狠地摇，摇完之后看泡泡，如果一摇就出来很多很细的泡泡但很快就消失了，那说明其中含有酒精成分很高。
3.取适量爽肤水轻轻拍打在手上，能感觉到非常明显的清凉感，说明酒精成分很高。

■ 敏感肌的护理要点

通常肤质敏感会被认为是皮肤角质层较薄、缺水所致。保湿补水确实可以在一定程度上缓解敏感症状，但同时要从根本上改善肤质问题，才能让肌肤回复年轻健康状态。

护肤品选用技巧 ▲

1 将护肤涂在手臂内侧，延展至一元硬币大小。观察24小时，如果没有出现泛红、刺痒、湿疹等问题，可以用于面部。

2 物理防晒品主要靠含有的微小粒子反射紫外线，对皮肤刺激小，适合敏感肤质使用。水质物理防晒品尤佳。

3 含有酒精成分的化妆水可以收缩毛孔和控制油脂分泌，但是皮肤敏感时期尽量不用，用矿泉喷雾取而代之。

以保湿补水为主 ▲

1 用浸透化妆水的化妆棉对面部干燥部位进行湿敷，可深度补水，缓解皮肤干燥脱皮症状。

2 趁着化妆水未干就涂抹上油脂丰富的面霜，将水分牢牢锁住，在滋润面霜之后再涂抹一层补水啫喱可以给肌肤形成保护膜，肌肤会感觉更舒适。

3 紫外线过敏后3小时内的护理非常关键。用保湿喷雾浸湿面膜纸敷于全脸，使用有冷却效果的面膜，敷完后擦上成分单纯的保湿修复露，才能达到修复表皮及发挥退红的效果。

■ 针对敏感类型做保养

敏感性肤质十分常见，从肤质特点来看，敏感肌肤还可分为干性敏感肌肤和油性敏感肌肤等不同类型，它们的敏感原因、护理方法都有所不同。

干性敏感肌——补水养角质

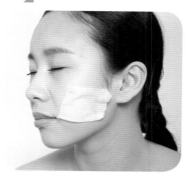

1 皮肤出现干燥等过敏症状时，只用接近体温的温水进行洁面，可避免洁面成分对皮肤表面皮脂膜的伤害。减少冲洗次数可保留皮肤上的保护性油脂。

2 用浸透化妆水的化妆棉对面部干燥部位进行湿敷，可深度补水，缓解皮肤干燥脱皮症状。

3 在面部涂抹保湿乳液后，把双手搓热后轻轻熨帖双颊、额头及下巴，促进保湿成分吸收。

油性敏感肌——清洁防护

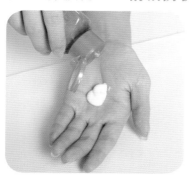

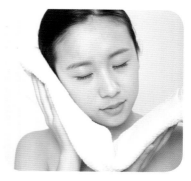

1 油性皮肤如果清洁不好，非常容易滋生细菌，造成皮肤病。用抑菌型洁面乳是非常必要的，特别是痤疮皮肤。

2 虽然含有酒精成分的化妆水可以收缩毛孔和控制油脂分泌，但是在皮肤敏感的时期还是尽量减少酒精的刺激，选用矿泉喷雾取而代之。

3 洁面后用柔软毛巾轻柔吸拭多余水分，防止因用力擦拭造成的敏感。

混合性敏感肌——分区保养是王道

1 在T区部位使用清洁力较强的洁面乳，并着重按摩；在U区则要换成温和的洁面乳，轻轻带过即可，切忌过分揉搓。

2 在U区敷上浸透保湿化妆水的化妆棉，降低U区肌肤敏感度，还能增强肌肤对后续产品的吸收能力。

3 眼周肌肤的敏感是以小细纹的产生为表现形式的，所以对眼周肌肤加强保湿是抗敏的关键，除了每日的眼霜保养外，不妨每隔三天就做一次眼膜护理。

疲劳性敏感肌——面部瑜伽操

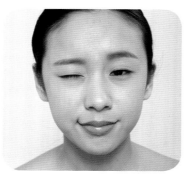

1 一侧嘴角翘起挤压同侧脸部肌肉。紧抿起嘴唇，保持微笑的状态5秒钟。

2 保持微笑的状态，睁开被挤压一侧的眼睛，保持5秒钟，放松，重复步骤1、2做3次。

小提示

锻炼肌肤从小事做起

每天漱口时含着水反复漱口几次，能增强面部肌肤的弹性，提升面部肌肤的防御力。每天练习发声a、i、u三个拼音字母，能够紧实面部肌肤，增强肌肤的抵抗力。在热天里不要使面部肌肤温度过高，冷天不要直接吹寒风，否则容易刺激肌肤。

■ 抗敏问题解答

面对敏感肌肤，总是有各种办法应对，也有各种疑问产生，让我们在专家的指导下告别疑问，彻底摆脱敏感困扰。

洗完脸皮肤局部发红怎么回事？

解答： 先检查自己在洗脸的时候是否对局部施力过大，或者摩擦过多？发红的状况是一时的还是持续的？易发红的肤质，洗脸时应该尽量轻柔地按摩脸部，用丰富的泡沫而不是手指的力度来清洁皮肤，过度拉扯摩擦会使皮肤红肿。

不同品牌的护肤品可否混用？

解答： 最好不混用。不同的护肤品成分不同，可能会产生冲突，使肌肤过敏，例如使用含有水杨酸的洁面产品后再用含有乙醇的爽肤水，再使用含 VA 的面霜，肌肤就很可能会过敏。但并不是所有的产品都不能混搭，需要对成分有一定的了解。简单说，清洁、补水、滋润等基础护肤品混搭较为安全，而美白、焕肤、抗皱等产品最好成套使用。

一到换季的时候肌肤就容易出现泛红、灼热的现象，这个是过敏吗？

解答： 这个症状属于环境刺激性敏感，遇到冷热气温的极端性变化，一般会出现泛红、干燥、脱皮、灼热、刺痛等现象。此时要调整饮食，少吃辛辣食物。特别注意皮肤的温和清洁和保湿，尽量避免过度按摩和去角质，减少化妆品的使用。

问题四

面膜用起来有刺辣感是为什么？

解答： 面膜用起来有刺辣感是因为这类面膜中添加了过多的防腐剂，但如果是敏感性肌肤，使用果酸成分过多的产品也会出现不适感甚至过敏。因此为了肌肤的安全考虑，使用优质温和，适合自己皮肤的面膜才是根本解决之道。

问题五

敏感性皮肤如何进行美白？

解答： 敏感性皮肤美白关键：先补水保湿，降低皮肤过敏率，再美白。敏感性皮肤在使用美白调理水时，可以直接把水轻轻拍打于面部，不需要使用化妆棉擦拭，以免引起皮肤不适，这一点也是区别于其他类型皮肤的护理方式。同样的，可以和干性皮肤一样，选择一款保湿的美白晚霜，在晚霜前加上保湿精华，以帮助晚霜更好地吸收。

问题六

入秋后皮肤很干燥，脸颊上两块又红又痒，补水保湿都不见效，该怎么办？

解答： 这种情况其实还是皮肤缺水造成的。皮肤在过度缺水的情况会干裂，产生一些肉眼看不见的伤口，在补水的时候甚至会觉得有轻微刺痛。补水保湿一定要加强，在补水之后，一定要加上一层含油脂的保湿霜或乳液来锁水。没有油分包住水分的话，在干燥的冬季，刚补充的水分也会很快流失。

问题七

敏感肌肤可以使用面膜吗？会不会越用越敏感？

解答： 敏感期间建议不要使用面膜。面膜会较日常护理多出 10 倍的速度向肌肤输送养分，因此对肌肤的刺激也会增加。若是只敷单纯的保湿面膜还好，如果是具有刺激性的清洁或美白面膜，在敏感期一定要慎用。

没有人能逃避随时可能出现的肌肤问题。压力、环境、饮食等许多因素都会影响皮肤状态，无论每天多么尽心尽力地护肤，皮肤也难免会出状况。一旦没得到解决，就会不断累加而导致难以修复的严重程度。

第三章

无惧素颜会保养

护理环节（一）

角质是皮肤"护身符"

❌ "沉迷"去角质会损伤皮肤

去角质使所有女性趋之若鹜。事实上清理角质并非必须的保养环节，尤其对于脆弱肌肤来说，更需视个人状况而定，另一方面，即便需要去除，也要把握"度"，否则就会过犹不及。

■ 角质的美容功效

从某种程度上来讲，肌肤的保养基本上就等同于角质层保养。角质层绝不仅仅是死去的细胞，它对皮肤的健康起着重要的作用，保养前先来了解角质与皮肤护理的密切关系吧。

皮肤的"防护膜" ◢

角质层是表皮的结构之一，厚度仅有 0.1 毫米。是身体内外的分界，担任着"防护膜"的功能。它的功能是防止外界物质进入人体和防止体内水分的丢失。

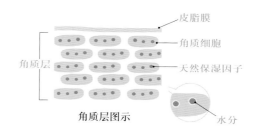

皮脂膜
角质细胞
天然保湿因子
角质层
水分

角质层图示

保养与角质层保养 ◢

肌肤保养就是将角质层保持在最佳状态。

角质层是死去的细胞，所以应该保养生成肌肤的基底层或决定弹性紧致与否的真皮层才对？因为化妆品只能在角质层运作，因此根本没有什么效果吧？这些都是我们首先应该抛弃的一些错误观念。角质层绝不是只有死去的细胞，还具有很多功能。此外，由于角质层、基底层、真皮层之间彼此相互影响，一旦角质层状态恶化，新增生的细胞也会产生不正常状态。

角质层需要"保湿" ◢

为了使角质层保持在最佳状态，应该使角质层随时充满水分，保持滋润，而角质层里面，角质细胞中的"NMF（天然保湿因子）"及角质细胞与胶细胞之间的"细胞间脂质"会紧紧锁住水分，再利用紧密包覆住肌肤表面的"皮脂膜"，防止水分流失。

■ 过度去角质会损伤皮肤

去角质既能使肌肤更透亮嫩滑，效果立竿见影。然而如果一出现皮肤问题就指望通过去角质来改善，殊不知过于频繁去角质使皮肤受到严重刺激，皮层越来越薄，甚至出现红血丝、脱皮等现象。

并非所有肌肤都需要

一般来说，老化的角质层细胞是会自然脱落的，因而健康的皮肤并不需要特别进行去角质护理。然而环境因素、生活不规律、饮食不均衡等，会使角质代谢较慢，使老化的角质层细胞无法自然脱落，导致角质增厚，出现粗糙、黯沉、脱屑等问题。针对代谢不正常的皮肤，就可以借助一些手段去除需要被剥落的角质了。

周期最好大于两周

去角质不是去除角质层，而是去掉表面老化的角质细胞。角质层的代谢周期约为两周，如果需要去角质，周期最好大于两周。一旦过多或过狠地去掉原有角质层，水分更容易丢失。另外，失去了角质层屏障功能的皮肤容易出现潮红、发痒等问题。

敏感肤质也可以去角质

任何肤质都会产生老化死皮细胞堆积，选择适当的产品和正确的方法温和清理皮层，就算是敏感肌肤也同样适合。肌肤敏感源于很多因素，挑选温和的产品，选择通过过敏性测试的产品，百分之百不含香料的护肤品，敏感肤质也可以安心使用。

去角质产品的选择

去角质可不是买瓶去角质霜搓一搓就完事了。有许多去角质的产品，如果用物理性去角质产品要注意温和一些。选用化学性去角质方法则首先要分清楚自己的皮肤性质：干性皮肤适合低浓度果酸类的产品；而油性皮肤则最好选择水杨酸类的产品。越来越多的日常保养品，如洁面乳、化妆水、面膜等也兼顾温和去角质的功能，如果平时勤于保养，就可以避免重复去角质而损伤肌肤了。

■ 去角质前后的护理

想要改善脸部新陈代谢，第一步就是要打开毛孔，如果毛孔处于闭合状态，就只能洗掉表面上的污垢，毛孔当中的脏污与堵塞并没有清洁干净，从而产生粉刺等肌肤问题。

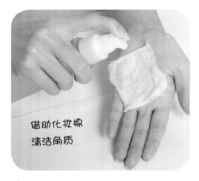

1 如果经常使用强效卸妆品，角质很容易被磨薄，再去除角质，更会加重皮肤损伤。应选用弱酸性洁面产品。

2 通过热蒸的方式打开毛孔，用美容仪器中的蒸脸仪来蒸脸，温度控制在50℃左右，温度过高会越蒸越干。

3 去角质后，由于毛孔处于扩张状态，用化妆水收细毛孔，可以有效避免毛孔变大。

4 选择保湿度较高的蚕丝蛋白精华液，在肌肤表面形成一层保护膜，为肌肤补充养分。

5 涂抹精华液是配合由内向外的按摩，促进养分的渗透吸收。

■ 磨砂膏去角质

　　磨砂膏中的颗粒如果太粗，则易导致皮肤干燥、泛红、刺痛。应选择磨砂颗粒细小、圆润的物理去角质产品，如天然果核微粒等。眼部以及敏感的红血丝皮肤角角质层皮层较薄，因此不适合使用此类产品。另外，身体磨砂膏千万不能用于脸部，颗粒的过度刺激会使皮肤受损。

1 一手按住耳朵的下方，另一手的指腹将颈部斜向上拉伸滑动按摩。颈部肌肤容易松弛，按摩力道应轻柔。

2 嘴唇与下巴间的凹陷处很容易因角质过后厚而滋生粉刺，去角质时应稍加力度。用中指指腹以锯齿状来回按摩下巴处。

3 一只手按压住唇角上方的皮肤，用另一只手的中指指腹横向滑动按摩鼻子下方。

4 鬓角处的毛细血管较为稀疏，代谢较弱，容易堆积角质。用一只手按压住太阳穴，另一只手的中指与无名指指腹自嘴角开始向太阳穴方向提拉按摩。

5 一只手按压住眉毛的中间部位，另一只手的中指与无名指指腹自鼻尖向上提拉，按摩鼻梁，再分别自鼻翼两侧向上提拉按摩至眉头下方。

6 额头的去角质按摩方法和下巴部位的很像。用中指与无名指指腹以锯齿状来回滑动按摩。

■ 油性、混合性肤质

油性或爱长青春痘的肌肤容易毛孔堵塞，形成黑头，尤其要注重去角质的护理。黑头形成的时间越久就越顽固，这时可以选择去角质。只有清洁毛孔中的油垢，黑头、毛孔粗大问题才会得到改善，也就不再需要特别去角质了。去角质产品最好选择具有消炎、抗菌效果的产品。但是不要因为黑头多而重复使用几种去角质产品。对付黑头，更重要的是做好每天的卸妆和清洁。

1 蘸取适量的磨砂膏，用指腹在皮肤上画小圈，利用画圈的动作温和地按摩，时间不要超过1分钟，然后将脸部冲净。

2 用化妆棉蘸取保湿化妆水以轻压的方式滋润全脸，为肌肤补充水分。

3 鼻部毛孔是最容易张得比较大的，先将浸透了化妆水的化妆棉在鼻部敷10秒钟，使皮肤可以吸附更多的化妆水。

4 将保湿精华液直接涂抹在脸部最干的两颊部分，先从两颊将精华液均匀涂抹开之后，再推到下巴和鼻子。

小提示

分清是否应该去角质

健康年轻的肌肤，角质细胞代谢正常，即使感觉疲惫、防晒不充分、皮肤黯沉，只要好好休息，不需要特别去角质，很快就能恢复。很多美容品牌的化妆水已经有去角质的作用，如果再进行深度去角质护理反而容易给肌肤造成负担。要提前看清化妆水有没有说明具有去角质作用，可以尝试在洁面后用化妆棉蘸化妆水轻轻擦拭皮肤，擦拭后化妆棉上有黄或黑色的脏污，表明这款化妆水已经具有去角质功能，不再需要其他去角质产品了。

干性、敏感性肤质

皮肤表面的老化角质也是造成皮肤干燥过敏的原因之一。干燥的肌肤不能用物理去角质磨砂产品，建议选择使用含有AHA成分（5%～10%）的去角质产品。含有AHA成分的产品能增强肌肤湿润度，改善皮肤暗黄粗糙，最适合中性、干性肌肤使用。

1 用化妆棉充分浸透化妆水并轻轻擦拭脸部，要注意避开眼周和唇周。

2 换干净的化妆棉，浸透保湿化妆水，从最容易干燥的两颊开始，用拍按动作缓解去角质后的紧绷感。

3 温度较高的季节，精华中的营养比较好吸收，如果是秋冬季节，可以先将精华液放在手掌中轻压，使其回温。

4 干性肌肤吸收保养品的能力比油性皮肤较低。利用手的温度把精华液压在脸部，边按压边涂抹均匀，有助吸收。

■ 免揉搓凝露去角质

当肌肤正处于长痘或者肌肤敏感时，可以直接用**啫**喱类去角质产品，敷在脸上不用搓，过10分钟后直接用清水冲洗干净，温和地做去角质、深层清洁的工作。

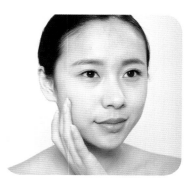

1 将略高于体温（40℃）的热毛巾敷在脸上，使脸部毛孔张开，血管扩张，促使血液涌向表皮。

2 将温和的去角质**啫**喱涂抹在全脸，避开眼睛周围，使产品停留在脸上5～8分钟。

3 用清水将去角质**啫**喱洗掉。

■ 润唇从去角质开始

干燥的气候，尤其在冬天，会使嘴唇变得格外容易起死皮，这时无论如何使用润唇膏，效果都不好。应该先进行角质软化，才能使润唇膏发挥功效，不能将死皮硬撕扯下来。

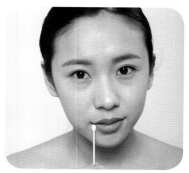

1 用唇部专用的去角质液，用化妆棉湿敷一会儿后再擦拭，将唇部上的角质与死皮去掉。

2 然后用棉棒蘸取适量的润唇精华油，在唇部肌肤上轻轻地进行按摩。

3 最后用具有蜂蜡成分的固体状润唇膏，厚厚地在嘴唇上涂抹一层，封住水分不流失。

护理环节（二）

别让皮肤变"沙漠"

✗ 做足补水保湿，使皮肤喝饱水

人体的70%由水构成，每天皮肤都会自然流失100～200毫升水分。特别是成年女性的肌肤含水量在不断下降，直接导致肌肤干燥、暗黄、无光泽，皱纹也过早出现。

■ 补水与保湿

肌肤缺乏水分，就会变得干燥、紧绷，小细纹也会随之出现。但是补水、保湿并非表面功夫，补水很重要，同时如何保住水分也刻不容缓。补水保湿虽然是老生常谈，然而你到底做对了吗？

先补水后保湿

保湿并不单单是给皮肤补充水分。补水是补充角质层细胞所需的水分，滋润肌肤。保湿是防止皮肤水分流失，并形成保湿膜来锁住水分。在日常护肤过程中，应先补水后保湿。干燥空气更要注意"保湿"，"补水"则是其次。

补水、保湿要双管齐下才能有效。

缺水是老化的根本原因

缺水是皮肤衰老的根本原因。肌肤自然分泌的油脂经过与汗水乳化形成的"皮脂膜"能减缓表皮水分蒸发，留住"水性"保湿因子。对于年轻肌肤来说，皮脂膜的功能正常，补水比保湿更为重要。而随着年龄增长，皮脂膜会逐渐变脆弱，保水能力下降，皮肤就容易干燥，出现皱纹。所以，皮肤缺水，光补水不行，反之亦然。

神经酰胺是皮肤的"滋补品"

涂化妆水还是觉得肌肤干燥？使用化妆水主要是为了预防老化，并不能保湿，肌肤表面的水分很快就会流失。而大多数干燥肌肤，缺少的不是外来的水分，而是具有锁水功能的神经酰胺成分。神经酰胺存在于角质细胞间，随着年龄增长、肌肤老化，神经酰胺逐渐减少，就会出现干燥，继而导致敏感和老化。所以，保湿更有效的是补充神经酰胺。选择神经酰胺精华液等护肤品。

■ 保湿型清洁法

想要美白保湿，就要注重去角质，把堵塞的老废角质都去掉，而如果过度去角质，对肌肤又是一个伤害，反而会引起干燥，可以利用每天涂抹化妆水和乳液的动作同时进行而避免干燥。

1 将保湿化妆水倒在化妆棉上，化妆水需选择不含油酒精的。

2 用示指和无名指夹住化妆棉，双手交替地由下到上擦拭。

3 将饱含化妆水的化妆棉覆盖在干燥的皮肤上，停留10秒。

4 将乳液倒在刚才的化妆棉上并擦拭脸部，能帮助皮肤更好地吸收保湿乳液，去除已经堵塞的老废角质。

5 用拇指在下、示指在上的手势，掐住肌肤，每次停留5秒左右。这个手势可以帮助促进胶原蛋白的增生。

精华液按摩法

精华液就像是肌肤的滋补品，能够增强肌肤的自我锁水、自我防护能力，保持年轻健康的状态。拍爽肤水后，涂精华液，然后用双手将脸部轻轻捂住，利用掌心的温度促进养分吸收。

1 挤压四下保湿精华液于掌心，用双手掌心将精华液温热。

2 将带有精华液的双手贴合于面部，停留一会，再均匀涂抹开。

3 用手掌根部在面部中央三叉神经处按压15秒钟，可以有效加强血液循环和皮肤的吸收能力。

4 用手掌根部按压至耳后淋巴。

5 采用锅盖手的手法，将双手手掌弯成弧形，扣压肌肤，按压鼻翼两侧。

6 用锅盖手的手法，按压双眼部和面颊。

7 采用锅盖手手法，在上一步手势的基础上向耳朵两侧提拉，并停留在耳前几秒。

■ 缺水型干燥

　　水油储存量几乎为零的干燥肌肤，冬季的保湿方案是先软化角质，然后才是补水，直到肌肤变得柔软。

保湿关键词： 尽量避免肌肤干燥，注意保湿，使干硬的肌肤角质软化，记得一定要使用护肤霜产品给肌肤保护。

1 将精华液倒在手心温热，轻涂于面部。

2 将化妆水均匀涂抹于整个面部，用双手掌心轻捂10秒钟，帮助吸收。

3 用勺子一下接一下地按摩整个脸部肌肤，促进血液循环。

4 为整个面部涂抹保湿霜，注意选择滋润型的产品。

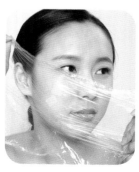

5 以鼻部T区为界，上下各敷一张保鲜膜，注意使保鲜膜紧紧贴于肌肤表面。

6 用热毛巾敷在保鲜膜上面，保持10秒钟，使营养充分吸收。

7 取下保鲜膜，把多余的保湿霜用化妆棉轻轻擦干净。

8 最后再用手指轻轻按摩肌肤，帮助肌肤吸收养分。

产品选择两大法则：
- [ ] 可以软化肌肤角质的清洁产品和乳液产品。
- [ ] 可为肌肤迅速补水的面膜或乳霜产品。

■ 油脂型干燥

即使在干燥的冬季，油性肌肤的"滑头"性格依然难以改正，现在角质护理与补水养护是关键。

保湿关键词： 对肌肤角质做专业细致的护理，对于因为过剩油脂使毛孔变得粗大的两颊肌肤，采用冰敷与热蒸交替护理的方法是不错的选择。

1 将化妆水放入冰箱中冷藏，10分钟后取出使用。

2 均匀涂抹于整个面部，用双手轻轻焐一下，帮助水分吸收。

3 用手指轻轻按摩鼻翼，下巴等不易涂抹均匀的部位。

4 准备一杯热水，热蒸面颊毛孔粗大部位。腮部吸气鼓起，扭向一边，使另一侧面颊的肌肤毛孔张开，用水汽热蒸。

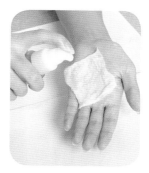

5 将化妆棉用化妆水浸湿，挤干水分，注意不要太干，以不会滴水为宜。

6 将化妆棉轻敷在双颊位置，等待一分钟，为双颊补充水分。

7 用干净的化妆棉将多余的水分擦干，也可用双手拍打帮助吸收，代替此步骤。

产品选择两大法则：

☐ 选择补水效果佳的、低油脂的乳液或面霜。

☐ 高效保湿乳液与保湿霜任选一款就好，不建议同时使用。

■ 敏感型干燥

角质层缺水受损，刺激物易入侵，造成敏感的极度干燥肤质。肌肤状况时好时坏，有时甚至已经感觉非常干燥了，还会有严重的脱屑现象，每次在加强涂抹保养品时容易感到刺痛。

保湿关键词： 易红肿的敏感型干燥肌，首要任务是帮助肌肤舒缓紧张，使肌肤的毛孔完全打开，吸收来自护肤品的养分。

1 洁面后，用蒸面器或准备一条热毛巾热蒸10秒钟，促进肌肤的微循环。

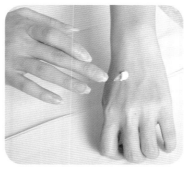

2 取适量乳液，注意选择适合敏感肤质，保湿效果佳的产品。

3 按照脸部肌肉的线条进行螺旋式按摩，促进肌肤活性，帮助养分吸收。

4 将双手搓热，用手心的温度轻轻热敷面部。

5 用双手手指轻轻按压面部，增加肌肤活力，额头与下巴部位也要按到。

产品选择两大法则：

☐ 仔细阅读产品说明，看是否有敏感肌肤同样适用或专为敏感肌肤研制的字样。

☐ 洁面产品选择乳液质地或是柔软泡沫型的产品。

■ 混合型干燥

同时具有干燥肌肤与油性肌肤两种"性格"的混合型肌肤，在补水时需要分区进行护理，使不同部位的肌肤各得其所。

保湿关键词： 使用双层化妆水对T区和U区分别进行平衡护理。

1 在T区用具有收敛毛孔效果的化妆水，用手指轻轻点压。

2 面部U字区使用保湿化妆水，轻轻按摩帮助吸收。

3 敷补水面膜，注意面膜的质地不要太油。

4 面膜卸下后，用双手手指轻轻拍打面部，帮助吸收。

5 在面部容易干燥的部位涂抹保湿霜。

6 用双手手掌轻轻捂在额头与下巴位置，用手的热度促进局部肌肤的血液循环。

7 用中指和无名指轻轻按压鼻部肌肤，帮助收缩毛孔。

产品选择两大法则：

☐ 具有焕肤功能的化妆水（低油脂的植物成分最佳）或精华类产品。

☐ 可调节肌肤水油平衡的乳液或面霜产品。

护理环节（三）

素颜女神不做黑天鹅

❈ 别使肌肤饱受后天黯沉之苦

亚洲人以"白"为美，为了追求白皙肌肤，可以说不遗余力。然而过了25岁，肌肤越来越暗淡，做多大努力都见效甚微。为了尽可能延迟老化，先审视自身的肤色困惑根源，才能对症下药。

■ 揭开美白真相

用了各种各样的产品，效果却不尽如人意，皮肤还出现各种状况？专柜上眼花缭乱的美白产品哪些最适合自己？许多美白问题令人疑惑不解。美白绝非一朝一夕之功，要保持白皙肌肤，就要养成美白好习惯，还需要长期坚持执行。

美白不仅仅要白 ◣

亚洲人以"白"为美，但是由于天生黄肌底，脸色易显暗。然而事物总有其两面性，色泽偏重的黄肌底，拥有数量更多的黑色素，可以更好地抵御紫外线的侵害。从这个角度上讲，美白关键不在"白"，更重要的是在白天抵抗紫外线等侵害，在夜间促进代谢，快速恢复肌肤神采，肤色自然就会明亮、有光泽。

补水、保湿要双管齐下才能有效。

你属于后天黯沉 ◣

紫外线和空气中的污物是直接导致皮肤老化的负面因素。为了阻隔外界环境的刺激，会给肌肤更多的"保护"，但无形中也在增加肌肤负担，即化学添加物的二次伤害，如毛孔堵塞、护肤品依赖产生的敏感；而一旦机体内出现代谢失衡，就会激发痘痘等炎症，引起黑色素反应，即使炎症褪去，肌肤也会留有类似潮红的斑迹，从而陷入"后天黯沉"的恶性循环。

面容缘何黯淡 ◣

油性肤质最容易出现皮脂氧化问题，当皮脂腺分泌过多油脂并堆积于肌肤表层，与空气接触后被氧化，之后看起来就会黯哑发黄。解决方法主要是补水控油，使皮脂膜达到一个平衡状态。糖化就是糖化蛋白沉积于真皮，表皮呈现黄褐色。护理时涂抹含有抗糖化成分，如烟酰胺的护肤品，并用拍打手法涂抹来加以改善。

■ 美白全天候

美白需要提早着手，不要等夏天快到了才采取措施。25岁之前，肌肤具有"可逆性"，即使有黑色素沉着，也可以慢慢白回来，25岁之后，肌肤只能借助美白产品的保养，令肌肤恢复原有的白皙。

1 无论阴晴都要防止紫外线UVB和UVA对皮肤造成伤害，尽量避免日照强时出门。外出前15分钟就要细心做好紫外线防护，擦防晒霜抑制黑色素生成，流汗时要在擦干汗后补擦防晒霜。

2 皮肤在紫外线中裸露时间过长会处于缺水状态。用化妆棉浸透冰化妆水，敷于易晒伤的脸颊等处5分钟，及时舒缓。

3 白天使用具有防晒隔离功效的化妆品，如防晒粉饼，可以在肌肤表面多一层保护，选择轻薄质地，并注意彻底卸妆，就不会给肌肤造成负担。

4 长时间处于空调房，肌肤容易缺水而"花容失色"，一周一次的保湿美白面膜是缓解干燥状况的最快速的解决方法。

5 按摩对于为皮肤提供氧气，增强其活力有神奇的效果，尤其是适度的摩擦、揉捏和掌切手法可以促进血液循环，加速肌肤供血，令肤色白皙健康。

■ 熟龄肌肤的宠儿——胶原蛋白

　　胶原蛋白是肌肤的主要成分，被称为"皮肤软黄金"。25岁后，皮肤中胶原蛋白含量以平均每年1.5%的速度递减。对于年轻肌肤，其流失速度没有想象中那么可怕，但对于熟龄肌肤，或已经出现老化问题的肌肤，补充胶原蛋白还是很有必要的。市面上种类繁多的胶原蛋白产品，外用护肤品由于吸收有限，效果不如胶原蛋白饮品好。

选购技巧

　　市面上的胶原蛋白饮品，很多都标注"8 000毫克"或"1 0000毫克"，这个"毫克"是含量，并不是指胶原蛋白的分子量。分子量在3 000道尔顿（kDa）以下的产品才会被肠胃所吸收。市面上的胶原蛋白饮料不光含有高浓度的胶原蛋白成分，还会有很多辅助的美容成分，如Q10、多种维生素、大豆等，就是为了使你看到一瓶多效的效果。

胶原蛋白不仅仅是皮肤的重要成分。

内外进补

　　外用胶原蛋白保养品由于分子大，肌肤无法尽数吸收，想"补"到胶原蛋白就要"吃"。可虽然猪脚、蹄筋、鱼皮都富含胶质，由于胶原蛋白是人体骨骼、软骨、血管的组成原料，光补充饮食中的胶原蛋白，很难补到脸上。这时，无需肠胃分解即能迅速被人体充分吸收并吸收的口服胶原蛋白便诞生了。

皮肤：皮肤真皮组织的70%左右为胶原蛋白。
眼角膜：眼角膜是胶原蛋白。
脏器：胶原蛋白保护着五脏六腑，缺乏胶原蛋白会影响脏器健康。
胸部：主胶原蛋白是胸部的结缔组织主要成分。补充胶原蛋白，可自然丰胸。
骨骼：骨骼中有机物的70%～80%是胶原蛋白。
软骨：关节是骨与骨间的软骨，软骨的50%构成物质是胶原蛋白。
筋腱：构成骨骼与肌肉相连的筋腱的成分80%是胶原蛋白。

提高美容效率

　　维生素C是辅助胶原蛋白合成的重要酵素，"早上吃维生素C，晚上补胶原蛋白"是美肌铁则。除此之外，由于自由基的增生会导致胶原蛋白分解速度增加，因此可多补充抗氧化效果优异的B族维生素、维生素E、花青素等物质。对于30岁后的熟龄期，由于雌激素水平下降，身体会减少胶原蛋白的合成，可补充黄酮素来提升雌激素，刺激胶原蛋白的增生。

■ 内外养白要兼顾

中医讲，人体五脏六腑的机能变化会影响到皮肤。除了外在美白，养成健康的生活习惯，促进内脏和皮肤排毒，由内养白才治本。

1 薰衣草、柠檬、迷迭香、罗勒等精油可以作为载体，将美白成分传送到肌肤内部，从而令肌肤变得美白通透。

2 维生素A、维生素C、维生素E等能抑制黑色素沉着。应多吃富含维生素的果蔬，如西红柿、猕猴桃、山楂、橘子等。适量食用具美白功效的中药，如人参、松花粉、薏苡、白茯苓粉、半夏、银杏仁、桑叶、桃仁、芦荟等，可以保持肌肤白净，不易长斑。

■ 重点美白湿敷法

很多美白化妆水里所含的美白成分，比乳液、面霜甚至精华液里的更高。选择美白化妆水美白有效性高，使用起来清爽无负担。

1 用美白化妆水将纸膜泡开。可以添加1滴玫瑰精油提升美白效力。

2 剪取所需加强美白效力部位。

3 湿敷在需要美白的部位。额头、脸颊、鼻周、唇周容易出现肤色不均。

■ 易忽略的美白细节

偏干性肌肤与使用美白护肤品没有直接关系，但干性肌肤要将保湿放在首位，以充足水分保证肌肤的自然代谢正常化，否则美白成分就不容易被吸收。晚上用美白精华素或晚霜等美容护肤品，使肌肤充分获取营养，逐渐达到美白效果。

1 取颗粒较细的去角质磨砂膏少许，敷在额头、发际线、脖子区域，停留约1分钟。

2 用指腹按肌理方向轻揉磨砂膏进行按摩，去除黯沉老旧角质。

3 沿发际线一周按摩，不要忽视耳后部位。

4 清洁上唇毛发旺盛部位，之后涂上脱毛软膏，停留10分钟之后（不可超过10分钟）用湿化妆棉擦拭掉。

5 用收敛水倒在化妆棉上，进行湿敷收敛。

6 按保湿美白搭配法，依照顺序涂上护肤产品（美白精华+保湿乳液或保湿精华+美白乳液）。

  小提示

美白 1+1，美丽加分

　　方案1：美白精华+保湿乳液：推荐给肤色已经出现黯沉、蜡黄、斑点的人，在这里美白精华是主角，保湿乳液只是起到"封锁成分"的作用。

　　方案2：推荐给脸部肤色不均的人，因为保湿精华有加强皮肤代谢的作用，先使皮肤代谢正常后，再用美白乳液进行锁水和长效美白。

■ 美白"利器"精华液

　　精华液就是由护肤的营养物质浓缩而成。选购时要注意并非越黏稠的越好。因为精华液的高黏稠度来自海藻胶、大分子玻尿酸等高分子胶质成分，加得越多，就越影响美白成分的渗透吸收。

湿敷淡斑法 ◢

　　采用湿敷法搭配保鲜膜，起到了"封闭式"效果。把精华液厚敷在斑点上，然后用打湿的化妆棉敷在上面，化妆棉就起到了把皮肤和空气隔离开的作用，随着皮肤温度上升，提升了对美白精华液的吸收效果，可以更好地代谢掉晒斑上的黑色素。对于晒斑、缺水肌肤都适用。

1　清洁面部后，用化妆水进行爽肤，并将精华液涂抹在斑点明显的地方，进行厚敷。

2　将化妆棉剪成小方块，方便更有针对性地敷在需要特别护理的斑点部位。

3　将小块化妆棉用美白化妆水充分浸湿，贴于脸部斑点上，用指腹轻轻按压贴合。

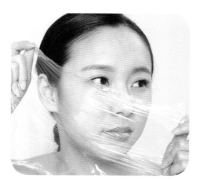

4　在敷斑点处敷上保鲜膜，可以增强有效美白成分的吸收率，敷5～8分钟。

5　用指腹蘸取少量美白乳液点拍在斑点处，用指腹按压直至充分吸收为止。

精华配合面膜，加速美白 ◢

　　精华液价格不菲，有的女性会在洁肤后直接将精华液涂在脸部。事实上，这样做反而更浪费。在使用精华液前，应先擦拭化妆水。因为化妆水能够帮助皮肤形成皮脂膜，从而有效地吸收水分，去除老废角质，辅助肌肤吸收精华素的营养，令精华素的养分更充分、直接地进入皮肤深层，令皮肤的柔软性、弹性更好。所以，精华液是爽肤水与乳液之间的护肤环节。

1 洁面后先在全脸涂抹化妆水进行二次清洁，用棉片蘸取化妆水可以更好地清洁残留油污。

2 精华液的用量过多，容易导致肌肤因营养过剩而产生排斥甚至过敏等症状。在干燥的秋冬季节用3～5滴，易泛油的夏季用2～3滴就足够了。容易出油的T区用1滴即可。

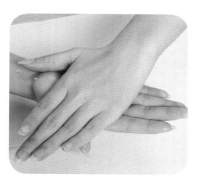

3 将双手搓热取几滴精华液，借助指腹的温度提升精华成分的渗透力。先从较为干燥的U区开始，将美白精华涂匀。

4 T区涂一次即可，在眼角、嘴角较为干燥的部位可以重复涂一次。

5 待精华吸收进肌肤，再用搓热的双手按照由下至上、轻轻按压的按摩方式使精华吸收得更透彻。

6 按摩后，将片式美白面膜敷在脸部，约15分钟取下面膜，用双手轻轻按压肌肤，促进美白成分的吸收。

■ 懒人美白好点子

持之以恒是美白的完胜之道，而在护肤上也可以采用一些讨巧的方法使护理简单而提高效率。随着微整形的医学美容发展，也是一个一劳永逸的美白好办法。

美白巧方 ◢

如果想快速提亮肤色，除了使用一些昂贵的美白产品外，可以利用一些容易找到的材料，方法十分简单，只是在平时的洁面护理中加一个小步骤就可以完成了。

1 用洁面乳按日常方法洁面。取1小匙白糖，加上一点点温水揉搓开，放在脸部肤色黯沉部位轻柔地画圈清洁，然后用清水冲洗干净。

2 取6片阿司匹林药片。用擀面杖将药片捻成粉末，磨得越细越好，然后加1小匙清水调匀，用棉片蘸取药液擦拭脸部，并敷面15分钟，最后冲洗干净。涂抹美容液进行保湿。

3 取适量珍珠粉和经常使用的美白爽肤水。洁面后，将珍珠粉放在化妆棉上，然后滴几滴爽肤水，与珍珠粉融合，用棉片在脸上均匀擦拭就可以了。

走进美白"微时代" ◢

除了在日常生活中要做足美白护理，医学美容也是一个好办法。

美白针：美白针内含的DSW能抑制细胞氧化，快速分解人体肌肤的黑色素、黄色素，修复受损细胞，补充活化美白因子，使全身美白因子的细胞更新，从而改善缺氧性黯哑、粗糙皮肤等一系列青春消逝现象，达到全身美白效果。

果酸焕肤：果酸焕肤，简而言之，就是拿果酸来焕肤的意思。即使用高浓度的果酸进行皮肤角质的剥离作用，促使老化角质层脱落，加速角质细胞及少部分上层表皮细胞的更新速度，促进真皮层内弹性纤维增生。果酸焕肤可以使皮肤脱皮，去除老化表皮，使肌肤看起来细致光滑。这种去鳞状角质的作用主要体现在果酸可以减低角质细胞之间的黏着。但是果酸对表皮层及真皮层的长期效果，需要低浓度果酸持续保养及多次焕肤才能显现出来。

脏器：胶原蛋白保护着五脏六腑，缺乏胶原蛋白会影响脏器健康。

黑脸娃娃：黑脸娃娃是通过将医疗级纳米炭粉涂在脸上，使它渗入毛孔后，再用激光将炭粉粒子爆破，从而震碎表皮的污垢及角质。所产生的高热能量传导至真皮层，激发胶原纤维和弹力纤维的修复，启动新的胶原蛋白有序沉积和排列，实现瞬间去除幼纹及皱纹，收缩毛孔，平滑皮肤，令肌肤恢复原有弹性。

■ 别做美白"手下败将"

面对铺天盖地的美白信息和产品，有超过一半的女性美白方式是不正确的！一旦迷失其中，即使用尽了力也是效果甚微，往往最终会得出"做了美白护理也根本没用"的错误认识。

天生肌底深，变白有上限

解答： 肤色由遗传基因决定，可以看下手臂内侧，几乎晒不到太阳的部位的肤色，是天生的美白肌底色。也是最白的状态了。美白保养只能调整后天导致的黯沉。因此如果天生皮肤色调偏深，就不要偏执地去变成"白炽灯"，还是把重点放在肤色不均与斑点上，健康亮色的肤色才是美白的目标。

天天敷美白面膜，欲速则不达

解答： 美白面膜蕴含高浓度美白精华，如果为了快速获得美白效果，就天天敷美白面膜，反而会导致肌肤抵抗力下降，引起过敏。不过，用美白化妆水湿敷全脸5分钟，这个方法每天都可以用；然后配合一周做一次美白面膜就足够了。

单靠美白不防晒，本末倒置

解答： 每天晚上都擦美白精华，勤做美白保养，早上却不擦防晒品，或只草草了事，防晒品用量不够。殊不知单纯美白，但不做好防晒，增长的黑色素远远比清除的要快。

多擦几瓶才有效，负担过重

解答： 肌肤出现问题，很多人就会开始"全面出击"，整套的使用美白产品，外加保湿、抗老、抗斑等，每天涂抹好几瓶才安心。殊不知擦得太多肌肤根本无法吸收。根据美白的需求来选用，眼周黯沉选美白眼霜，针对斑点选择淡斑精华，然后配合日常保养，对症下药的同时，不会给肌肤造成负担。

肌肤堵塞做美白，徒劳无功

解答： 随着年龄增长，肌肤的角质代谢变慢，老化的角质过度堆积在肌肤表层就会阻碍美白成分的渗透。擦得再多也无济于事。一周进行1次去角质保养，也可以每天使用去角质化妆水来代谢老废角质，肌肤畅通了，每次擦美白保养品才能顺利吸收。

护理环节（四）

反"孔"防甚于治

✦ 消除"孔"惧，变身无瑕苹果肌

毛孔变大可不是一朝一夕的事情，随着年龄增长，皮肤老化也会导致毛孔老化。一旦毛孔变粗大，仅仅通过护理也只能适当改善，无法逆转，所以，谨记防患于未然。

■ 皮肤因何"孔慌"

"毛孔变大了怎么缩小？"这应该是听过最多的护肤问题。几乎每个人的皮肤都有毛孔粗大的问题。尽管所有女性都希望皮肤即使近距离看也好像没有毛孔一样细腻。但是一旦发觉毛孔变粗大，想通过护肤品等手段来缩小，难上加难。借助适当的护理产品，尽量推迟毛孔变粗大问题的出现；已经出现初老症状的毛孔，通过重点补充肌肤胶原蛋白，提升毛孔壁紧致度和弹性，避免其进一步发展。

油脂——扩张毛孔

皮脂腺分泌的皮脂可以起到保护滋养皮肤的作用。如果肌肤油脂分泌过量，又没有彻底除净，过多的油脂会和空气里的灰尘及代谢产生的死皮混在一起堆积，会使皮肤轻微肿胀，因此油脂分泌旺盛的皮肤，一般看起来毛孔都会比较粗。另外，油脂过多的人也容易有粉刺，粉刺留下来的洞洞也会使皮肤看起来更加粗糙。

毛孔变大了很难再缩小成原来的样子！

污垢——阻塞毛孔

皮肤的表皮基底层不断地制造细胞，并输送到上层，待细胞老化之后，一般都会自然脱落。但是毛孔阻塞者，皮肤新陈代谢不顺利，无法如期脱落，就会导致毛孔扩大。过度挤压粉刺、黑头，致使表皮破裂，一旦伤害到真皮，使其缺乏再生功能，便难以产生新细胞，也会留下凹凸瘢痕，使毛孔变得粗大。

衰老——松弛毛孔

随着年龄增长，皮肤松弛老化，血液循环逐渐不畅，皮肤皮下组织脂肪层也因此变得松弛，皮肤的胶原蛋白流失速度慢于再生速度，皮肤缺乏支撑，失去弹性，毛孔就会随皮肤的松懈而被撑成椭圆形。这是不可避免的肌肤老化现象之一。如果再不加以适当保养护理，老化进程加速，毛孔自然也越来越大。

拯救毛孔"防甚于治"

变大的毛孔和皱纹一样，会毫不留情将"肌龄大于年龄"的秘密公布于众。然而，粗大毛孔一旦形成，除非进行嫩肤等医疗美容手术加以修复，仅仅靠涂抹护肤品是无法使毛孔缩小的。所以毛孔护理"防甚于治"。

酸类有助缩小毛孔

保养时可以用一些含A酸的产品，缩小毛孔，而且可以杀菌、修复晒伤的皮肤。当然，日常防晒是避免毛孔变大的最有效手段之一。如果有黑头等毛孔堵塞的情况，可以在护理中加入一个有助疏通毛孔的产品，如含有适量浓度果酸，或含有1%～2%水杨酸的产品。

清洁面膜是首选

想要收缩毛孔，清洁面膜是最快速的。但不是任何泥浆类面膜都能够收缩毛孔，吸附有害物质的，而且泥浆类面膜如果用不好还会造成肌肤角质层过薄或是脸部干燥等问题。含有竹炭成分的面膜是收缩毛孔类的首选，竹炭能够吸附毛孔中的污垢，将毛孔清洁干净才能够收缩毛孔。

不输在起跑线上

毛孔不是想开就开，想关就关的，但通过在日常保养中加入一些针对毛孔的护理技巧，通过针对粗大毛孔的清洁、收敛等保养，有助从视觉上改善毛孔外观，同时防止毛孔随肌肤老化使粗大问题变得更严重。

1 事实上，当毛孔开始变大，想变回原样的话，除了微整形，如激光磨皮，通过护理是不太可能的。虽然用冷水洗脸时皮肤好像收紧不少，但这只是因为肌肤表皮的微静脉遇冷收缩，一旦皮肤温度恢复正常，毛孔就会被打回原形。想要收缩毛孔，必须从源头上解决问题，即减少皮脂分泌。含有水杨酸的护肤品能软化皮脂并促进角质代谢，有助疏通被堵塞的毛孔；含有烟酰胺的护肤品可有效减少皮脂分泌，从而缩小毛孔。

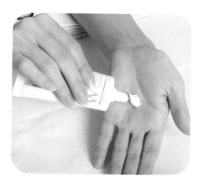

2 虽然老化是不争的事实，但大多数的老化问题都是光污染造成的，随着岁月累积，紫外线侵害会使皮肤变薄，破坏其内部胶原蛋白，从而增大毛孔。做好防晒是使毛孔不变大的主要环节。

3 清洁是护肤最基础的，也是护理毛孔最重要的环节。清洁时，首先用卸妆油溶解脸上的污垢，卸妆油更容易与肌肤皮脂相融，所以更适合清除毛孔里的脏东西，然后用温和的洁面乳打圈按摩清洁，再用温水洁面。就不会将多余的油分残留在肌肤上。

4 清洁完毛孔后没有使毛孔及时的闭合，导致脏东西又一次进入到了肌肤里，所以在清洁完毛孔后要想效果更佳持久就必须使用收缩毛孔的产品。但是因为收敛水要采取正确的手法才能够有效果，使用能够收缩并补充水分的面膜更方便一些。

5 黑头是由于死皮细胞核油脂残留在毛孔内氧化导致，所以每天清洁到位才能防患于未然。
用卸妆油融化角栓，带走黑头。卸妆油加上小苏打可以帮助软化角质，这样黑头就轻而易举的浮了出来，之后打圈轻轻揉搓。这个方法对浅层黑头有效。选择浓度10%左右的水杨酸或果酸凝胶，并且保持10分钟的按摩停留时间。

6 保持毛孔清洁，对抗皮肤岁月问题还得有赖于类维生素A产品。晚间在保湿霜前使用，可以保持肌肤光滑并减少刺激。

情况严重时的密集式修护

一觉醒来，满面油光，或者熬夜后毛孔显得更粗糙。这时可以加强清洁、保湿护理，集中改善毛孔出油量，皮肤角质层吸饱水之后，肌理也会更柔和。需要注意的是，清洁面膜一周用一次，特别是年轻的肌肤，过于频繁地刺激角质层，皮肤容易变敏感。

1 用清洁的泥状面膜代替洁面乳敷脸5分钟，冲洗时一边冲水一边轻轻按摩，利用水流清洁毛孔。

2 用收敛化妆水水浸透化妆棉，敷在毛孔最"嚣张"的位置和鼻子两侧。

3 敷一片保湿面膜，为肌肤补充水分，毛孔膨胀后视觉上会细腻很多。

4 用指腹蘸取收敛化妆水由下向上轻拍肌肤，特别要针对毛孔粗糙部位进行二次收敛。

5 使用毛孔精华液以画圈方式涂抹全脸，在易出油的T区着重按摩。

6 随身携带保湿喷雾，每隔两小时喷一下，喷后用纸巾轻压去除多余水分，保持水油平衡，镇静收敛毛孔。

■ 角质型——清除角质

老废角质代谢不畅易堆积在毛孔周围，阻塞毛孔，不及时清理就会逐渐撑大毛孔。同时容易形成粉刺、痘痘等，主要集中在额头、鼻翼及脸颊部位。去角质是当务之急。

1 用温和去角质产品去除老废角质，特别是成熟肌肤，清理老废角质能促进肌肤新陈代谢，带出毛孔里的脏东西。

2 去角质后选择具有胶原蛋白再生护肤品，对肌肤进行深层修复和营养补给。高效能的抗衰老面膜能帮助肌肤恢复弹性。

3 使用护肤品的时候采用从下至上的方式提拉面部，发挥紧致肌肤的作用。

■ 油脂型——深层清洁

皮脂分泌过于旺盛的皮肤，毛孔很容易显粗大，肤质看起来也很粗糙，形成"柠檬脸"，往往伴随着粉刺与青春痘问题，一般多见于青春期、油性、混合性肌肤及容易出油的T区。

1 用装有热水的脸盆熏蒸脸部，使脸部的毛孔充分打开，便于后续彻底清洁毛孔内污垢。

2 以油去油，选用油性卸妆品打圈按摩油脂分泌旺盛的鼻翼两侧，彻底溶解毛孔内污垢。

3 选用含有粘土成分的深层清洁面膜，在毛孔粗大处多涂一些，一周清洁一次即可。

■ 干燥型——导入式补水

　　角质一旦吸饱了水，就会像吸了水的海绵一样膨胀起来，毛孔周围的细胞吸满了水膨胀起来，毛孔自然就会变得不明显；反之，肌肤表面缺水，角质层就会出现干燥、粗糙的外观，毛孔变得更加明显。忽略这一点，肌肤保水度不佳，看起来粗糙、毛孔粗大，肤色也会黯沉无光。

1　使用含有高浓度维生素A的毛孔紧提素，针对毛孔粗大的部位以画小圈的方式涂抹，改善毛孔粗大现象。

2　利用美白抗皱精华，取出一颗黄豆大小，均匀涂抹在全脸，改善皱纹与肤色粗糙，紧致肌肤，使毛孔更加细致。

3　涂抹助导乳液，将抗皱精华中的成分护送至肌肤，顺利渗透肌肤。

4　将双手掌心相互搓揉直到产生温热感。

5　将温热的手掌轻轻包裹全脸，加速保养品的吸收，同时舒缓肌肤。

小提示

有效的天然成分

　　如果肌肤干燥且油脂分泌旺盛，可以选择天然成分的护肤品调节油脂分泌，对抗毛孔粗大。含有薄荷、茶树、海藻类成分的控油产品，抑制油脂分泌。含有透明质酸、天然氨基酸等成分的保湿护肤品能促进水油平衡。

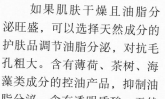

■ 老化型——维生素A

　　随着年龄增长，毛孔会逐渐出现松弛粗大问题，加上外在环境的侵蚀，真皮层内的弹力纤维、胶原蛋白就开始松垮、断裂，造成肌肤张力与弹性不佳，失去周围支撑力的毛孔，就会出现椭圆形的毛孔粗大形态，最易出现在发令纹附近的脸颊部位。

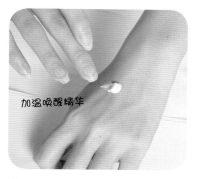

加温唤醒精华

1 取适量维生素A精华于手背，以指腹打圈温热。

2 用示指和中指，以打圈的形式由下往上按压，要特别针对老化的粗大毛孔部位，如两颊。

3 双手五指张开，用掌心紧贴脸颊，从下巴向两侧，顺着淋巴按摩。

4 先取适量保湿精华，均匀涂抹于面部。

5 最后，以按压的方式，涂抹上保湿面霜或护肤油。

小提示

促进胶原蛋白再生

　　30岁开始，毛孔的老化问题已经不单单是毛孔出油或堵塞造成的，最主要的问题还是胶原蛋白的流失。而维生素A可以促进胶原蛋白和透明质酸的生成。针对老化的粗大毛孔，建议选择功能型的专业护肤油，富含维生素A，调节肌肤表皮及角质层的新陈代谢，促进胶原蛋白再生，紧致肌肤，收缩毛孔。

■ 色素性毛孔——还原黑色素

洁面以后发现有些毛孔仍然是黑色的，表面摸起来也没有粗糙感，那么他们很可能就是"色素型毛孔"。这类毛孔是由于毛孔的凹陷处发生炎症而产生了色素沉积，虽然叫做毛孔，但实际上是色斑的预备军，和油脂过剩导致毛孔堵塞的问题不同，护理这种毛孔的时候应选择美白系列的护肤品。

1 色素型毛孔可能是由于摩擦或刺激导致色素沉积而造成的，因此护肤时需要温和地进行，将洁面产品打出丰富的泡沫后轻柔清洁。

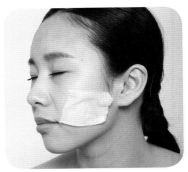

2 用美白化妆水充分浸湿化妆棉，针对容易出现色素性毛孔的部位进行重点美白湿敷。

3 在全脸涂抹含有高浓度维生素C的精华液，对毛孔十分有益，又具有美白的效果，还可恢复肌肤弹性。

4 一周做两次美白面膜，含有维生素C成分的美白面膜有优秀的渗透力，肌肤变得润泽，毛孔自然隐形。

小提示

维生素家族产品

视黄醇作为维生素A酸的衍生物，进入到皮肤细胞里，会慢慢转化成维生素A酸，相对于直接使用维生素A酸，不会刺激皮肤，敏感肤质也可以使用。此外，它在乳霜质地的状态下是最稳定的，在水和油中会较不稳定，选择时最好选择乳霜质地的。维生素C是超强的抗氧化剂，但无论是含有维生素A还是维生素C都容易发生光解，所以建议在晚上用。

护理环节（五）

瓷娃娃？黄脸婆？

✖ *灰头土脸使人看上去老十岁*

"最近是不是没休息好"这句话是否经常被问及？没有谁会承认自己是黄脸婆，可谁都有灰头土脸、面色黯沉的时候。归根结底，黯沉是难以逃避的老化前兆，与时间赛跑就绝不能偷懒。

■ 黄脸婆不请自来

过了30岁，皮肤的保水能力渐渐降低，弹性变差，加之身体内部一些营养素的流失，才会出现黄气等问题，找到根源进行对症护理，才可以全面还原白皙美肌。

压力型黄脸婆 ◢

生活和工作压力大，失眠、疲惫、饮食不当等导致内分泌失调，脸部的油脂等排泄物就会堵塞毛孔，油脂分泌不均匀，使肤色显暗黄。首先要调节心情，并借助足浴、盆浴、香薰疗法来舒缓身心疲惫。第二就是清洁、控油。每天花几分钟的时间做脸部按摩，促进血液循环，有助提亮肤色。每天安排一定时间的运动，下午4点左右，或晚上睡觉前进行，促进身体新陈代谢，有助提高睡眠质量。

无论晴天阴天都要做好防晒工作。

上班族型黄脸婆 ◢

经常外出容易受紫外线伤害的上班族，经常会长斑点、肤色不均。无论晴天还是阴天都要防晒，每两小时就要补擦防晒霜。按摩和盆浴能有效改善代谢循环。睡前敷一张美白的面膜，有效补水美白，赶走干燥。晚上使用美白精华液，每周敷1～2次美白面膜，持之以恒就可以祛黄。

老化型黄脸婆 ◢

年龄的增长使得肌肤表面老化细胞的沉积，肤色蜡黄，加上内分泌失调，导致体内毒素无法排出，脸上会出现色斑和皱纹。日常做好卸妆、洁面、保养是防止肌肤老化的原则。选择含玻尿酸的美容护肤品，对去色斑、皱纹等衰老型脸色暗黄效果非常不错。护肤时配合按摩手法，促进养分的吸收。除此之外，还可以在饮食中多多摄入可促进新陈代谢的维生素A。动物肝脏、蛋黄、乳制品、黄绿色蔬菜和鱼类食物中都含有维生素A。

■ 消除黯沉要对症

年龄增长、工作压力大等因素都会使肤色发黄晦暗，不知不觉就会变成"黄脸婆"。想"祛黄"就得找到"变黄"原因，对号入座，运用一些有效的护肤方法，持之以恒就能又现苹果肌。

体寒缺血型黯沉——刮痧活血法

并非是肤色真的黯淡，而是体质寒凉造成身体血液循环不佳，而长期的循环不畅就会使血液中含氧量不足，甚至血液颜色偏暗，影响肤色的呈现。除此之外，营养不良、偏食，使得人体缺乏造血所需的营养素，也会使血液颜色偏暗。通过面部刮痧护理，增进血液循环，可以快速使肤色亮起来。

1 全脸涂抹按摩乳液起润滑作用，用刮痧板在额头从中间往两侧刮拭。

2 从内向外先刮上眼睑，接着刮下眼睑。

3 从鼻翼斜向上提拉，刮拭到耳前，然后再从嘴角斜向上刮拭到耳前。

4 从印堂往下刮鼻梁，鼻梁部位不要太过用力。

5 点压人中穴，再往左右两侧刮拭到嘴角外侧。

6 从下巴中央向两侧刮下颚，促进淋巴排毒。

压力暴晒型黯沉——防晒霜面膜急救 ◢

生活不规律、压力大，内分泌失调，都会造成面色暗黄、黯淡无光。最便捷的办法，敷一张美白面膜，能有效补水美白，缓解肌肤干燥，不做干燥无光的黄脸婆。

 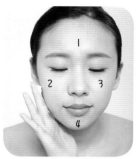  

1 先做一个化妆水面膜，用化妆水浸透化妆棉，然后浸敷在额头、面额、下巴等处，2~3分钟即可。

2 涂上厚厚一层防晒霜，注意不要使用含有"吸光剂"成分的产品。按照额头、面颊、下巴的顺序涂抹。

3 在上面敷上保鲜膜，注意留出通气口，静待3分钟左右后摘下保鲜膜。

4 用浸湿的化妆棉擦去残留的防晒乳，用清水洗净脸，接下来涂上含有美白成分的精华液。

角质肥厚型黯沉——代谢角质深层净肤 ◢

这类黯沉问题原因在于肌肤的新陈代谢不畅，堆积了过多的老废角质无法代谢更新，使肌肤产生黯沉。保养时首先要做好控油护理，调理肌肤的水油平衡，同时避免毛孔粗大。

1 洁面乳的用量约为1元硬币大小，加水充分起泡后温和地清洁肌肤表面的油污。

2 在全脸薄薄地涂抹一层起泡型去角质凝胶，利用泡沫使去角质成分轻松地渗透至毛孔内部。

3 用面巾纸或者化妆棉将泡沫从上至下擦拭干净，注意化妆棉要选择干燥不湿润的。

4 用清水将脸上剩余的凝胶进行乳化，轻轻打圈按摩，进一步清洁毛孔内的污垢。

衰老缺水型黯沉——化妆水调理

随着年龄增长，如果只一味抗老，而忽略了肌肤健康的基本保湿护理，肌肤将在一个不良的环境内恶性循环，面色会越来越黄。在做足保湿功夫后，再进行抗衰美白等保养，才能使护肤效果加倍。

1 将化妆棉用水浸湿，然后轻轻拧一下，去除多余水分。滴上硬币大小用量的舒缓化妆水，慢慢渗透整张化妆棉。

2 从脸部中央往外全脸擦拭调理肌肤。接着再以轻拍的方式拍打全脸肌肤，促进肌肤血液循环，并将保养成分拍进肌底。

3 用化妆水浸湿面膜纸，可以在化妆水里加入2～3滴维生素A原液，敷全脸3～5分钟。取下面膜后用手捂脸部促进吸收。

肤质粗糙型黯沉——除黄洁肤法

过度清洁会导致脱皮，失去光泽和水分。也不能清洁不到位，清洁不到位会使老废角质堆积，其他营养物质没办法吸收，自然就会变黄。

1 将卸妆棉对折两下，一点点向下抹，向上容易令污垢藏在毛孔内，阻塞毛孔，形成暗疮。

2 把泡沫涂抹在脸上以后要轻轻打圈按摩15下左右。清洗时不要用力擦洗，应用湿润的毛巾轻轻在脸上按压。

3 清洗完毕，要检查一下发际周围是否有残留的洁面乳，有些女性发际周围滋生痘痘就是因为忽略了这一步。

4 用双手捧起冷水擦洗面部20下左右，之后用浸湿了凉水的毛巾轻敷脸部，促进面部血液循环。

护理环节（六）

快速重启疲劳肌

✦ 累了一天，肌肤也要好好放松

熬夜或者长时间疲劳工作，都会使人筋疲力尽，这时的肌肤状况会变得非常黯沉、油腻、干燥，首先该做的就是"重启加速"血液循环，加快身体的新陈代谢，通过按摩唤醒肌肤活力。

■ 简易护理唤醒疲劳肌

当面部和身体肌肤都处于疲劳状态时，黯沉、毛孔、痘痘、细纹等问题都会接踵而来。为肌肤减压，首先要进行舒缓、抗敏，提升肌肤活力。晚上可以通过精油泡澡来缓解疲劳症状。

1 冲洗时用冷热水交替，刺激面部血液循环，激发肌肤活力。

2 用浸湿化妆水的化妆棉，以打圈按摩的形式轻轻擦拭肌肤表面，温和去除老废角质。

3 使用含左旋维生素C成分的化妆水，通用化妆棉湿敷在鼻翼两侧与T区约10分钟，

4 选用高保湿效果的化妆水湿敷于双眼约10分钟，可以即时舒缓眼部疲劳，迅速补水分。

5 按1:2的比率混合面霜和精华液，提升舒缓、锁水功效，并防止外界因素刺激脆弱肌肤。

6 用指腹从脸部由内向轻轻拍按肌肤，提升脸部血液循环。

■ 气血按摩提升活力

脸部气血按摩可以调整各脏腑失调的功能，使其恢复正常。熬夜过后，皮肤会变得很疲劳，抵抗力下降，血液循环变慢，而利用气血按摩法可以以最轻柔的方法促进血液循环。

1 用刷子蘸取适量的按摩霜，顺着面部淋巴经络的方向均匀地进行刷涂。

2 将双手五指弓起来，用指尖从下巴中间往上按摩到耳后。

3 用弓起来的五指从鼻翼两侧按摩到太阳穴，并适当加大力度按揉太阳穴。

4 用示指在颧骨下进行按压，按压5秒钟，松开1秒再按压，反复按压5次。

5 用无名指指腹从眉头开始，向外画圈按摩至眼角。

6 用弓起来的五指，从额头中间开始，以画小圈的形式向两侧按摩。

按摩，是将护肤品的功效发挥至极致的最佳手段，也是帮助肌肤排水排毒、促进代谢的重要手段。在家就可以自己对相应的穴位做按摩。每次涂护肤品时，用正确的按摩手法，不仅护肤效果翻倍，持之以恒还能美化五官。

第四章

驻足青春的按摩

按摩环节（一）

释放裸肌"摩"力

✦ 媲美微整形的驻颜按摩秘诀

按摩具有良好的美容效果，但持之以恒是关键。通过按摩来刺激和滋养肌肤，既能使粗糙肤质恢复健康状态，又能延缓皱纹的形成，预防肌肤因外界环境及身体因素过早老化。

■ 开启能量的美容疗法

按摩是中国最古老的医疗方法之一，具有有促进血液循环、提高机体抗病能力、舒筋活络、美体养生的作用。通过保养和按摩双管齐下，就能达到养颜驻颜的美容效果。

开启面部循环系统

按摩可以促使毛孔张开，彻底清洁油污、角质，促进保养品的吸收，使肌肤更柔滑。通过按摩刺激脸部肌肉，血液循环就会变得顺畅，氧气和养分也能及时被皮肤吸收，这些都有利于细胞再生，延缓肌肤老化速度。通过按摩能排出皮肤内堆积的霉素和代谢产物，而且还能促进血液循环，因此可以使粗糙黯淡的皮肤变得容光焕发。

持之以恒就能按出健康好气色。

美化脸型与五官

只要对相应的部位进行集中的刺激，就能够塑造出自然的表情和端正的五官。如果对缺乏运动的肌肉进行刺激，还能改善面部整体印象，紧致、提升面部轮廓。当刺激脸部经穴时，不仅僵硬的肌肉会得到缓解，而且肌肉间的骨骼也会重新定位，并以此来改变整个脸部印象。与此同时，还可以通过刺激平时缺乏运动的脸部肌肉来增加皮肤的弹性，使松弛的脸部重新散发光彩。不仅如此，连看上去臃肿的脸颊或双下巴等问题也会随着新陈代谢的正常进行而消失。只需要简单方法便能塑造出完美脸型是脸部经络按摩的一大优点。

提拉紧致肌肤

提拉和平展的按摩动作可以使因为疲劳而松弛下来的皮肤紧致起来，时刻保持皮肤的弹性，也是帮助肌肤排水排毒、促进代谢的重要手段。长期坚持就能延缓肌肤老化。

■ 找到淋巴与穴位

脸部经络按摩大致可以分为两个过程，第一个过程就是舒缓穴位，第二个过程就是疏通阻塞的淋巴腺。对针对的穴位与淋巴腺进行按摩，就能拥有晶莹剔透的瓜子脸。

脸部美容穴位汇总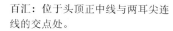

穴位按摩之所以对美肤有效果，主要是因为穴位与人体内的经络、脏腑有密切的关系，通过对穴位的刺激疏通经络，达到美肤目的。运用指腹施加压力在穴位上，做定点式的搓揉，对易有酸痛、疲劳状况的皮肤有不错的改善效果。

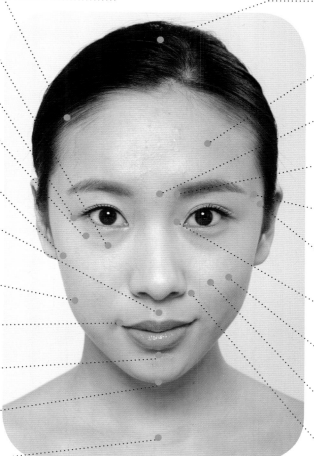

四白：位于瞳孔直下，眶下孔凹陷处。

头维：位于前额发际拐角处上约1.7厘米。

百汇：位于头顶正中线与两耳尖连线的交点处。

瞳子髎：位于眼睛外侧1厘米处。

阳白：位于瞳孔直上方，距眉毛上缘约2厘米处。

球后：位于眶下缘外1/4与内3/4交界处。

印堂：位于两眉头连线的中点处。

下关：位于腮外侧下方和耳朵交汇处。

攒竹：位于眉毛内端，即眉头处。

水沟：位于人体鼻唇沟的中点，即人中。

丝竹空：位于眉梢外侧的凹陷处。

颊车：位于头部侧面下颌骨边角上，一横指凹陷中。

太阳：位于两眉梢后的凹陷处。

地仓：位于口角外侧，上直对瞳孔。

睛明：位于眼部内侧，即内眼角凹陷处。

承浆：位于颏唇沟的正中凹陷处。

颧髎：位于颧骨下缘的凹陷处。

廉泉：位于下颌正下方的凹陷处。

巨髎：位于瞳孔直下，鼻唇沟外侧。

天突：位于锁骨之间的凹陷处。

迎香：位于鼻翼两侧，鼻翼外缘中点旁。

突显脸部轮廓的淋巴腺

　　淋巴系统是人体老废物质排出的主要管道，但是容易因压力、疲劳、情绪紧张造成循环不顺畅，导致水肿问题，使脸部轮廓线条越来越不明显，肤色也会晦暗、没有光泽。对淋巴腺的按摩主要使用指腹、弯曲的指关节、四指并拢的大面积指腹，而按摩的关键在于结尾都是停在淋巴结处。

早上保养时或上妆前按摩的效果较明显。

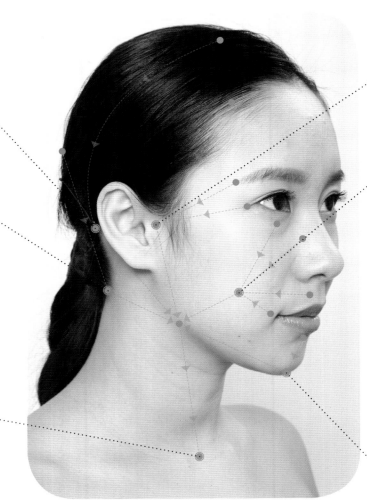

耳后淋巴腺：从头顶流向耳朵后面的淋巴。

头后淋巴腺：从头后流向颈部与头部分界点的淋巴。

颈部淋巴腺：从耳下的颌关节与颈部交汇处流向颈中央的淋巴。

耳前淋巴腺：从前额、眉梢、眼尾流向耳前的淋巴。

腮部淋巴腺：从眼底、鼻子、人中侧方、嘴角流向腮部的淋巴。

下颌淋巴腺：从下嘴唇开始流向下颌的淋巴。

■ 用对按法才不伤肌肤

按摩具有良好的美容效果，按摩是否有效果，与按摩取穴的准确性和按摩手法的熟练程度有直接关系。另外，除了每天的按摩护理，日常生活方式、饮食等方面的调养也不可忽视。

按摩动作要领

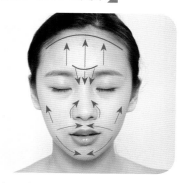  

1 由于脸部的皱纹走向与肌肉走向呈直角，按摩的时候应该与皱纹呈直角，即顺着肌肉的走向进行。

2 脸部按摩要遵循由内向外的顺序，如果来来回回按摩，与肌肉的走向相反，反而会导致皱纹的出现。

3 按摩眼部、鼻部、唇部的时候，手法要轻柔，面积大的脸颊则以画大圈的方式按摩。按摩穴位时，应以略有酸胀感、感觉舒服、可承受的力度为基准。

洁面后再按摩

每天早晨清洁肌肤后或睡前沐浴后做按摩。在肌肤出现问题时应减少按摩。如脸部暗疮比较严重、晒伤、角质层受损、肌肤处于发炎状况。肌肤较薄、毛细血管较脆弱、出现泛红、发痒等过敏症状。

按15分钟左右

按摩时间和次数因个人肤质和季节而异，干燥环境下或干性皮肤，应控制在15分钟以内；每周可进行两次左右。按摩时间过长会造成皮肤过度疲劳而适得其反。每次按摩穴位也不宜过多，5～8个穴位即可。

顺滑的按摩品

按摩品一般分为按摩膏、按摩霜、按摩油，作为按摩时必备的润滑，如果油润度不够，容易拉扯皮肤，会导致肌肤老化；如果质地过于油腻，则容易堵塞毛孔。所以应选择质地清爽、易于推展，同时具有多种滋养成分的产品。

■ 常用按摩手法

按摩时，使用不同的手法会对身体产生不同的影响，所以，应针对不同部位，使用不同的按摩手法，才能让按摩获得更好的效果。还要根据舒适度，合理选择按压手势。

1 指压

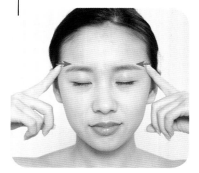

利用双手示指指腹轻轻按压经穴，这种指法适合用于较为狭窄部位的按摩。

2 向上提拉

将手掌掌心放置于相应的部位并向上抚摸，这种手法适用于双颊、下颌、颈部等较宽部位。

3 夹捏

利用拇指与示指捏住脸部肌肉或脂肪，这种手法适合用于眉毛、双颊、下颌等部位。

4 利用关节按摩

轻轻握拳，将指关节放在相应的部位进行按摩，这种手法适用于缓解肌肉紧绷的情况。

5 画圈

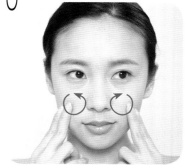

利用示指与中指指腹，以画圈的方式进行按摩，这种手法适用于皱纹较多的部位。

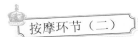

按摩环节（二）

每天两分钟养颜按摩

无暇裸肌从基础按摩做起

按摩可以促循环、通经络、调神经，还能养颜美容、抗衰老。当然，仅仅通过几次按摩不可能彻底改善肌肤问题，将按摩作为日常护理的辅助步骤，坚持做才能发挥功效。

■ "导入式"醒肤按摩

护肤保养是否有效，归根结底并不单单是保养品有多么昂贵，而是保养方法是否得当。涂保养品时，针对水肿和黯沉这两个困扰肌肤的主要问题，配合螺旋式的画圈按摩或提拉式的按摩手法，可以使营养成分不是停留在肌肤表面，而是深入肌肤被充分吸收，获得最佳美容效果。

先升温再按摩

先用指腹取延展性较好的面霜或按摩霜等保养品，然后进行按摩，以轻拍和轻抓轻放的手法先为肌肤升温，感觉到微微发热即可。这样做可以促进肌肤血液循环，使细胞组织活跃起来，同时温热的肌肤更容易吸收养分，并防止因按摩拉扯到过于干燥的肌肤而产生皱纹。

顺滑按摩促循环

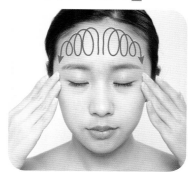

1 从额头中间开始，以向上提升额头的感觉，轻轻向外侧螺旋式游走按摩，最后按压太阳穴5秒钟。重复做3次。

2 将双手示指、中指、无名指放在鼻梁左右侧，分别由上至下推动两侧鼻梁数次，直到鼻梁处感觉有微热感为止。

3 向上拉伸时要稍微用力。油脂分泌旺盛的部位及粗糙部位要着重按摩，促进循环，增进肌肤新陈代谢。

4 将中指和无名指并拢放在唇下方的穴位上，沿下唇中央向两侧轻轻按摩至鼻翼两侧。

5 将脸颊分为下巴到耳朵下方、唇角到耳朵前方、两侧鼻翼到太阳穴三个区域，然后分别向外侧画螺旋线提拉肌肤，重复做3次。最后按压太阳穴。

6 用中指按压眉头下方的穴位，然后轻轻滑动手指揉按眼睛四周，最后按压太阳穴5秒。重复做3次。

 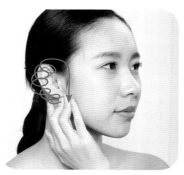 

7 整个手心从脖子下方向上滑动按摩，按摩脖子中部时，轻轻地从侧面用力向上提拉。

8 用拇指和示指夹住耳垂，用拇指从下往上呈螺旋状推拉耳郭，重复做3次。

9 左手从右侧肩胛骨顺势直上，经肩胛骨、脖子直到下巴处停止。同样右手按摩左侧肩胛骨、脖子、下巴，双手交替，直到脖子感觉酸胀为止。

减少摩擦与拉扯 ◢

在涂质地略浓稠的面霜时，就要以指压的手法为主，一是刺激穴位，二是减少摩擦。由于肌肉走向是从中心部分向外延伸的，所以按摩也要遵循"从里向外"的法则，这在还没有完全滋润好的肌肤上尤其重要，过多的来回的按摩容易加速老化，不只是皱纹，松弛更由此而来。如果脸部已有皱纹或假性皱纹，按摩的方向就要与这些皱纹成直角。

> 给予肌肤温和的刺激，有助吸收有效成分。

■ 重拾肌肤水润弹性

随着年龄的累积增长，肌肤真皮层内的纤维母细胞合成作用渐渐低落，导致胶原蛋白渐少，使细胞间质像是泄了气的气球般，让肌肤变得扁塌、凹陷，不再紧实。这时保养更得仔细谨慎，白天外出时一定要加强抗氧化、高度保湿和防晒，夜晚则要重视修护滋润，让肌肤重拾紧实弹力度。

搭配精华液效果翻倍 ◢

1　均匀涂抹全脸具有紧实拉提效果的保养品，由内往外均匀涂抹于全脸肌肤上。

2　从颧骨往额头滑按，轻轻拉提滑动按摩，并停留在额头中间处，轻轻往下按压放松。滑按时不能拉扯到肌肤，有摩擦感，就再增加保养品的用量。

3　双手握拳，用手指关节处，以滚轮式按摩手技，从两颊边缘往内轻轻按摩与推压，帮助成分吸收。

剪刀手促进吸收力 ◢

1　一只手示指和中指分开，做出剪刀手的姿势，分别轻轻撑开法令纹、眼尾、嘴角的八字纹，用另一只手的指腹以轻轻点压按摩，促进保养的吸收。

2　用剪刀手的两指指腹分别按压眼角与眼尾处。

■ 早晨5分钟美颜翻倍

　　一日之计在于晨，对于一整天的美丽肌肤来说，晨间美容按摩的作用不可小觑。特别对于只想涂抹薄薄的防晒隔离霜，不想借助化妆来弥补倦容的人来说，除了早上需要完成清洁、保养和防晒工作，促进肌肤血液循化的按摩，也可以快速为肌肤带来活力，面色红润、透明，不化妆也不成问题。

消除水肿◢

　　水分代谢不畅通，就容易出现脸部水肿，使脸型显大，特别是早上，基础护理后利用按摩可以快速消肿。弯曲示指沿脸部淋巴走向按摩，促进排除水分与毒素。

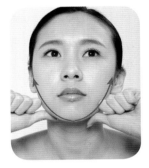   

1 示指弯曲，用第一、第二关节间的部位按摩，用拇指与弯曲的示指夹住下颌提拉按至耳部下方。

2 再从脸部内侧向外按，眼部沿眼眶打圈按摩。

3 从耳部下方开始，用手掌沿脸周与颈部的轮廓由上向下慢慢地推按，促进淋巴液的流动。

4 一直按至锁骨，并用指腹按压锁骨周围。

5 接着轻弯手指，沿眼眶凹陷处轻压，促进眼周的血液循环。

6 双手捂住眼部，轻轻按压眼周。

7 由眼角向眼尾，沿下眼眶点按，改善眼周黯沉与肿眼泡。

8 接着从眼尾向发际线处滑动提拉按摩，促进排毒。

淡化黑眼圈

由于睡眠不足导致眼部的血液循环不畅，出现黑眼圈，光靠基础护肤无法解决，用眼霜配合按摩可以有效缓解黯沉。

1 在眼周涂抹眼霜，从眼尾向眼角沿下眼眶的凹陷部位按压。

2 一直按至眼角处，眉头下方略用力按。

3 最后再沿上眼眶按至眼尾，直至鬓角。

排毒亮肤

睡眠质量不佳，皮肤循环代谢不畅，晒后肤色黯沉，早起清洁并涂抹乳液后，通过促进血液流动，加速毒素排出的按摩，可以帮助肌肤快速恢复清爽通透状态。

1 用拇指抵住颧骨外侧，四指轻柔地从额头中部向两侧按摩至发际线。

2 用示指与中指抵住耳部前后位置，上下轻揉耳周，促进排除老废物质。

3 用指腹以震颤的方式按压锁骨周围，促进血液流动与老废物质的排除。

按摩环节（二）

沙龙级"焕肤摩术"

✦ 消除肌肤烦恼的神奇按摩秘笈

针对最常见的肌肤困扰，使用疗效护肤品是必要的。同时，按摩有助于加速皮肤血液循环，排出废物。不妨在护肤步骤中加上按摩，仅仅只需要花几分钟，动一动手让皮肤恢复健康状态。

■ 消除青春痘

30岁以后的青春痘，大部分是由于无规律的睡眠习惯、精神上的压力所引发的内分泌失调、空气污染、化妆品过敏等引起的。有规律的生活、充足的睡眠有助于治疗青春痘。

1 将双手的示指与中指放在眼眉的两侧。

2 从眉头分多个点，按压至太阳穴。

3 双手轻轻握拳，放在鼻子的两侧。

4 用拳面从鼻子两侧向脸颊与耳下推拿，整套动作重复3次。

5 拇指用力按压颧骨下方，刺激脸部穴位，快速排出脸部污物。

6 拇指和示指指关节用力捏住下巴，向上提拉至耳后，将废弃物引至淋巴处清除。

■ 消除痤疮

无规律的生活习惯、垃圾食品的食用、日常压力等引起的胃功能障碍和皮脂的过度分泌，都会使体内与皮肤上堆积代谢产物，从而形成痤疮。通过脸部的按摩，可以改善痤疮症状。

指压法排除体内废物 ◢

 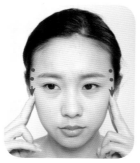  

1 用双手的示指与中指按住太阳穴。

2 用手指沿着脸部线条以1厘米为间距，用力按压。

3 沿着脸部曲线一直按压至下巴中心。

4 双手轻轻握住，并轻轻拍打头顶，整套动作重复3次。

画圈式按摩法促进血液循环 ◢

1 将双手示指放置在下巴与颧骨交汇处凹陷的部位。

2 用指腹从上至下，以画圈方式持续按摩。

3 将右手的示指放置在额头的正中央。

4 用指腹以画圈的方式持续按压额头中央，整套动作重复3次。

149

■ 抑制皮脂分泌

当毛孔变大的时候，皮脂的分泌也会更加旺盛，从而使脸部看起来更加油光。可以通过收缩毛孔的脸部运动来促进新陈代谢，从而平衡皮脂与水分含量，起到抑制皮脂分泌的效果。

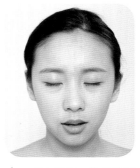   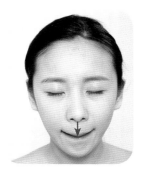

1 闭上眼睛，放松脸部的肌肉，并把嘴微微张开。

2 将上唇向鼻尖撅起，并以发"u"音的形状持续3秒钟。

3 然后把嘴撅起，以发"ao"音的形状持续3秒钟

4 最后将人中部位最大限度地展开，并持续3秒钟，整套动作重复3次。

■ 消除黑痣与雀斑

紫外线辐射与激素分泌紊乱是导致黑痣与雀斑的主要原因，刺激眼睛下方的毛细血管可以预防黑痣与雀斑的产生，并起到美白的效果。

1 将双手的示指放在眼睛下方的中央处，并从内向外按压3秒。

2 然后以相反的方向，从外向内按压3秒。

3 将双手合拢，放在鼻子两侧，然后向外用力地按摩。

4 最后将双手合拢放在耳前，沿着颈部向下按摩，整套动作重复3次。

按摩环节（三）

抚平细纹"摩术手"

积极抢修逐渐松弛的肤龄问题

按摩以中医的脏腑、经络学说为理论基础，通过美容穴位按摩来刺激和滋养肌肤，既能使粗糙肤质恢复健康状态，也能避免斑纹出现，预防因环境与身体因素导致的过早老化。

■ 消除眼角鱼尾纹

眼角皱纹是年龄的泄密者，然而双眼是脸上最敏感的部位，可以通过刺激侧头筋来促进血液循环，并通过眼周穴位按摩从而使肌肤重新获得弹性，使皱纹淡化。要注意无论是涂抹眼霜或按摩，都要避免拉扯眼周肌肤，以免造成纹路。

1 用双手指尖以斜线方向按摩太阳穴，两侧各按摩10次。

2 用双手的示指与中指按压太阳穴，可以放松眼角外侧的肌肉，重复此动作5次。

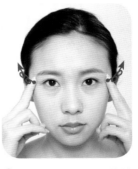

3 将双手示指与中指放在眼尾部位（瞳子髎穴），以螺旋状按摩至头发与前额的分界线，重复5次。

4 将双手手指并拢并放在眼下，轻轻敲打眼周部分，重复5次。

5 用双手示指与中指按压眼尾处，最大限度地将视线向上固定，持续3秒钟。然后示指与中指持续按压在眼尾处，然后最大限度下垂眼睑3秒钟后正视前方，整套动作重复3次。

■ 消除下眼睑皱纹

下眼睑的皮肤组织很薄，皮下脂肪也较小，一旦失去弹性就很容易产生皱纹，所以应该对下眼睑肌肤给予充分的水分与营养，并刺激瞳孔和眼尾的肌肉。

1 用双手的示指与中指按压太阳穴，以放松眼角外侧的肌肉，重复5次。

2 将双手的示指依次放在瞳孔正下方（四白穴）与眼尾下方的眶下缘处（球后穴），轻轻按压3秒，重复5次。

3 将双手示指与中指放在眼尾部位（瞳子髎穴），以螺旋状按摩至头发与前额的分界线，重复5次。

4 将手指放在眼尾部位（瞳子髎穴），并轻轻按压，重复5次。

■ 塑造光滑鼻梁

如果平时有皱鼻子的习惯，鼻梁上会产生皱纹，经常向上推压鼻梁可以减淡皱纹，塑造光滑的鼻梁，但是要注意不要用力过猛。

1 将左手示指横向放在鼻梁上，向上挤压，重复10次，换手再做同样的动作。

2 将双手的示指贴近鼻梁两侧，上下来回缓慢按压，重复10次。

3 用右手拇指和示指捏住鼻梁，轻轻向外侧拉，重复10次。

4 将双手的示指放在鼻翼两侧（迎香穴），沿着鼻梁进行挤压，重复5次。

■ 消除八字纹

如果嘴角肌肉失去弹性，随着肌肉的松弛就会产生八字纹。这时要对八字纹进行仔细的按压与刺激，皮肤就可以恢复弹性，从而淡化八字纹。

 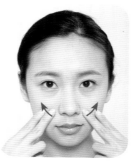  

1 将双手示指放在鼻翼两侧（迎香穴），按压3秒钟，重复5次。

2 将双手的示指与中指贴近八字纹，向斜上方提拉，重复5次。

3 将右手的示指放在颧骨上，然后用左手示指与中指往上提拉，另一侧脸颊做同样的动作，重复3次。

4 将双手的示指与中指贴近鼻子两侧，沿着八字纹以画圈的方式按摩，重复5次。

■ 消除嘴角细纹

嘴角在脸部肌肉中的水分和营养含量最少，并容易聚集代谢产物。通过提供充足的水分和营养，按摩嘴角周边的肌肉来预防嘴部皱纹。

1 嘴唇向前伸出，用双手的拇指和示指轮番夹捏，重复10次。

2 用双手的拇指和示指夹住嘴角边，并向上推拿，重复5次。

3 将双手的示指分别放在嘴的上、下侧，以相反方向推压，重复10次。

4 用双手的示指持续按压嘴角处（地仓穴）3秒，重复5次。

153

■ 消除假皱纹

对付皱纹最好的方法就是提前预防，通过按摩来刺激嘴角、额头、眉间等容易产生皱纹的部位，有效地预防皱纹的产生。

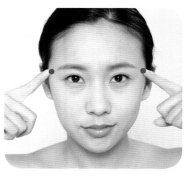

1　用双手的示指放在额头上，以画"X"的方式进行按摩，重复3次。

2　用双手的示指和中指持续按压太阳穴3秒，重复1～2次。

将双手手掌搓至微热，然后抚摸整个脸部。

4　将双手的示指、中指与无名指合拢放在鼻子两侧，然后用力向外侧拉伸，重复3次。

5　将双手示指与中指放在鼻子两侧（迎香穴），用画圈方式由上到下进行按摩，重复3次。

6　将除了拇指外的四个手指分别放在耳前，然后沿着颈部向下按摩，重复3次。

按摩环节（四）

微整形"神奇摩法"

不用动刀也能塑出精致五官

按摩不仅可以改善皮肤状态，针对脸型与五官的不足之处，找到最容易见效的按摩区域，配合手法变换，促进血液循环，刺激脸部穴位、肌肉群，从而修饰脸部不足之处。

■ 塑造立体脸型

平面化的五官会使脸型看起来相对较大。而脸部的淋巴循环和脸看上去胖瘦息息相关，通过简单的指法，可以提升脸部血液循环，促进新陈代谢，快速消除多余水分和代谢废物，坚持每天做按摩就可以使轮廓更精致。

塑造饱满轮廓 ◢

1 将手掌搓热后，利用手掌沿着颈部曲线进行按摩，重复3次。

2 用示指与中指指腹，从额头开始向发际线按压，重复3次。

3 用左、右掌心交替向上推压整个前庭，重复3次。

4 将双手示指放在鼻梁两侧，上下来回轻轻按压，重复10次。

5 用双手的拇指和示指做出圆形形状，并轻轻包住颧骨，然后从上到下边画圈边旋转，整套动作重复3次。

紧致上提轮廓 ◢

1 利用双手拇指的指尖向上挤压目外眦下方颧骨下缘的凹陷处（颧髎穴），重复3次。

2 双手轻轻握拳，利用指关节从上到下对颧骨周围进行按摩，缓解肌肉紧绷的现象。

3 用双手的拇指和示指轻轻捏住下颌中间的肌肉，并向上推至耳后，重复5次。

4 将双手指尖至于而后的发根处，然后沿着发梢方向向上按压，重复3次。

5 用两手的示指和中指夹住耳朵，然后缓慢地上下来回进行摩擦，重复3次。

6 用两手的拇指和示指捏住链接耳朵和颈部的较宽肌肉，向前轻弹式地挤压，重复3次。

■ 消除脸部水肿

过度疲劳或血液循环受阻会使体内垃圾和水分不能及时地排出体外，从而导致脸部水肿。对颈部后侧和太阳穴轻轻按压，可以有效地促进血液循环的畅通。

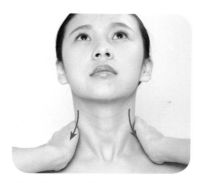

1 将双手手掌搓热之后，先将头向后倾，然后沿着颈部曲线从上到下进行抚摸，重复3次。

2 用双手示指轻轻地按压颈部后侧的凹陷处（风池穴）。

3 用示指和中轻压耳朵后侧的凹陷处（翳风穴）3秒钟，另一侧做同样的动作，重复10次。

4 将双手的示指至于瞳孔的正下方（四白穴），然后轻轻按压3秒钟，重复10次。

5 将双手示指放在鼻翼两侧（迎香穴），然后缓慢地向下进行按压，重复10次。

6 将双手的中指和无名指放在颧骨下方（颧髎穴），然后以画圈的方式从上到下按摩10秒。

■ 缩小脸型

当脸部肌肉松弛，皮肤失去弹性，就会使整个脸型看起来更大。在对脸部进行按摩时，要着重对脸部和耳朵间的血液循环处和颧骨部位进行均匀的刺激。

1 用指尖分别对两侧的耳后凹陷处至颈部下方进行逐步按压，重复3次。

2 双手轻轻握拳，利用指关节对前庭（阳白穴）从上到下进行按摩，重复3次。

3 双手轻轻握拳，用指关节按摩从颧骨下方至下的部位。

4 用双手的指尖对颧骨从内到外逐步按压，重复3次。

5 将双手手掌贴在脸部，以画圈的方式从下到上进行按摩，重复10次。

6 用双手的拇指和示指轻轻捏住两颊后轻弹，重复10次。

■ 丰润脸颊

双颊凹陷会使颧骨看起来更加突出，脸色也会显得更加黯淡。轻轻地夹捏双颊，可以使双颊周围的肌肉获得重生，增加丰满度和活力。

1 双手轻轻握拳，利用指关节以画圈方式从上到下进行按摩，重复3次。

2 用双手的拇指和示指捏住双颊后轻轻向上拉，重复3次。

3 将一只手的示指与中指放在颧骨下方，然后用另一只手的示指和中指从下到上进行推揉，重复3次。

4 用一只手的示指和中指放在嘴角上方，然后用另一只手的示指以斜线方向挤压。

■ 消除双下巴

有些人即使很瘦，但是唯独下颌处会有一些赘肉。对从下颌至颈部、颌关节、耳朵的颈部淋巴结进行均匀的刺激，可以有效地消除双下巴。

1 弯曲拇指并放在颌下（廉泉穴），然后用力向外侧推压下颌，重复3次。

2 用四指轻轻弯曲后放在下颌旁，然后沿着下颌边缘向上推挤至耳下，重复3次。

3 用双手的拇指和示指将脂肪从下颌中央向上挤压至耳下。

4 张开示指和中指夹住下颌后，沿着下颌边缘向耳朵方向移动。

■ 矫正下垂眼尾

下垂的眼尾会使眼睛看起来失去活力，眼周的肌肉一旦失去弹性，就会出现眼尾下垂的现象，可以通过刺激眼周的肌肉，使眼周肌肤更富有弹性。

1 将手指并拢放在发际线处，然后沿着斜线方向向上按压。

2 用一只手的中指和无名，另一只手的示指和中指按压住太阳穴，向上挤压按摩。

3 将一只手置于眼尾旁边，另一只手放在眉毛外侧，沿着斜线方向向上按摩。

4 将双手的示指和中指放在眼尾部分（瞳子髎穴），并轻轻按压3秒钟。

■ 消除黑眼圈

黑眼圈是由于睡眠不足或过度疲劳等问题引起血液循环受阻而产生的，在充分补充睡眠的同时，通过刺激眼周和眼尾来促进血液循环。

1 用双手的拇指轻压眉毛内测边缘的凹陷处（攒竹穴）3秒。

2 用双手的示指轻轻地按压太阳穴3秒。

3 用双手的示指轻轻按压眼部内侧，即内眼角上方的凹陷处（睛明穴）3秒钟。

4 用双手的示指轻轻按压瞳孔正下方（四白穴）3秒钟。

■ 美化鼻尖与鼻孔

持续刺激鼻尖和鼻翼周边的迎香穴，并将鼻子上提的动作和对鼻子至人中的部位进行挤压的动作结合起来，可以有效地美化鼻部前端的轮廓。

   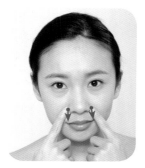

1 将双手的示指指尖压住鼻翼的两侧（迎香穴），然后沿着鼻尖缓慢地向上按压。

2 将双手的示指压在鼻子两侧，沿着眼睛的方向向上挤压。

3 用示指和中指捏住在两个鼻孔中间与人中相连接的部位，并轻轻向上提起。

4 将双手的示指放在鼻翼两侧（迎香穴），并缓慢地向下挤压。

■ 修复下垂嘴角

微微上扬的嘴角会给人带来明朗的感觉，将僵硬的嘴角向上提升就能拥有美丽的"微笑脸"。

1 将双手的中指和无名指放在嘴角外侧（地仓穴），上下来回按压，重复10次。

2 用双手的示指将嘴角外侧（地仓穴）向上提起，并轻轻按压3秒，重复10次。

3 将双手的示指放在嘴的上、下侧，然后以相反的方向推压。

4 将左手放在鼻旁，然后用右手的示指和中将嘴角肌肉向上挤压按摩。

■ 棉棒变"摩杖"

　　一根小小的棉棒，用它来按摩穴位既省钱又效果好。在家就可以做这个"美容针灸"。借助棉棒尖端来刺激相应的穴位，就可以有效改善各种常见的肌肤困扰，简单易掌握。

提亮黯沉肤色 ◢

　　黯沉多是因为血液循环不佳，废物无法顺畅代谢，累积在肌底深层，造成肤色不健康。印堂、迎香、承浆等 3 穴，分别能启动额头、脸颊、与下巴的循环，代谢顺畅，气色自然好。

1　用棉棒的棉头一端，垂直向内按印堂穴（位于两眉头连线的中点处），按 10～15 秒。

2　用棉棒以 45℃斜向上按迎香穴（位于鼻翼两侧，鼻翼外缘中点旁），按 10～15 秒。

3　用棉棒以 45℃斜向上按承浆穴（位于颏唇沟的正中凹陷处），按 10～15 秒。

快速消除水肿 ◢

　　早上起来，经常由于熬夜或内分泌失调等，造成脸部水肿，脸一下子就会显大，这时只要花不到一分钟，按压"颊车"、"廉泉"，并通过热敷，促进排出多余水分。

1　用棉棒以 45℃斜向上按颊车穴（位于头部侧面下颌骨边角上，一横指凹陷中），按 10～15 秒。

2　用棉棒垂直向上按廉泉穴（位于下颌正下方的凹陷处），按 10～15 秒。

3　用棉棒以 45℃斜向上按颧髎穴（位于颧骨下缘的凹陷处），按 10～15 秒。

春温、夏热、秋燥、冬寒。随着季节更替，皮肤也会发生很大变化。对于肌肤的护理也一样，根据自然规律，选择合时宜的护肤品与护理方式来进行，才能从表及里使肌肤保持最佳状态。

第五章

季节交替
巧养护

护理环节（一）

初春唤醒脆弱肌

✿ 舒缓镇静，保湿滋润

> 春天即将来临，春风是不可忽视的肌肤杀手，皮肤会由于缺水而处于过敏状态，变得又干又敏感。一旦护理不当，就会形成过多角质，肤质显得粗糙并产生雀斑、黑斑等。

■ 初春，肌肤干涩紧绷

春季感觉干燥，甚至涩痒，充满暖意的春风很容易夺取肌肤中的水分。肌肤需要全面滋养和补水。洁面品应选用性质温和兼具保湿成分的产品。选用富含营养的凝露精华。保养品过油会给肌肤造成负担。

1 洁面时，根据肌肤的干燥情况掌握水温，可以冷水与热水交替使用，然后自下而上地拍上爽肤水。

2 涂抹保湿霜时，最好等化妆水或保湿水干了之后再抹。否则不仅涂不均匀，皮肤的吸收效果也不好。

3 使用保湿凝露，加以按摩促进皮肤新陈代谢，有助吸收。保湿凝露还可以当底霜，按摩后吸收效果非常好。

■ 产生雀斑、黑斑

春天的紫外线也几乎无处不在，即使在阴天，强烈的紫外线仍可以透过云层照射。SPF 15防晒因子可以成功地隔离90%以上的紫外线，防止肌肤因日晒而产生皱纹和色斑。晚间可以利用BHA水杨酸活肤菁华，能有效地滋润皮肤，加速肌肤的新陈代谢，令受损的肌肤在短时间内恢复健康美白，使肌肤重现光泽，回复年轻。此外，每周敷一至两次美白修护面膜。效果是阶段性地修护，加强美白，使肌肤在最短的时间内恢复往日的白皙和光泽。

■ 肤色淡而无华

冬天皮肤温度下降，细胞缺乏能量，老化角质无法代谢掉，肤质就会呈现粗糙、黯沉的状态。每周做一次化妆水清洁角质的护理，促进细胞新生。选择抗氧化精华液，配合按摩帮助肌肤解除疲惫。

1 涂抹抗氧化精华液并轻柔按摩皮肤，让脸颊恢复红润。

2 把乳霜放在掌心温热，涂抹在皮肤上锁住营养和水分。

3 每周做一次轻柔去角质护理。用化妆棉蘸取足量化妆水擦拭。

4 用热毛巾敷脸促进循环。再用美白化妆水湿敷，恢复透明感。

■ 毛孔有些明显

冬季皮肤代谢减缓，会导致角质与油污积存在毛孔中，毛孔会被撑大。选择与肌肤pH值相近的保养品，如保湿化妆水、保湿凝露等都含有保湿滋润因子，易于肌肤吸收。晚上不宜使用太过油腻的晚霜，以防阻塞毛孔，产生粉刺或脂肪粒问题。

1 用蒸脸器或热水杯热蒸鼻部周围等毛孔明显的部位。

2 敷绿泥鼻膜，覆盖一层保鲜膜，彻底清理毛孔中的油污。

3 用化妆棉湿敷不含酒精的毛孔美容液加强收敛、补水效果。

165

■ 一到春天皮肤就变得脆弱敏感

与冬季比较，春季的气温和湿度发生了较大的变化，影响了皮脂腺的脂质分泌，从而导致皮肤屏障功能紊乱，水分流失，肌肤表面容易出现肉眼看不见的轻微损伤，更易受外界刺激。同时，春季时的外界环境，如空气中漂浮物等也有变化，容易产生敏感甚至过敏现象。具有镇静成分的花水、面膜最对适合改善敏感。低敏的药妆类护肤品也能安心使用。

1 乳液用比平时多一些的量倒在化妆棉上，轻轻打圈按摩粗糙部位，肌肤就能变得柔软，就连后续保养品的吸收也很给力。

2 将玻尿酸保湿化妆水倒在化妆棉上，用非常轻微的力道擦拭全脸，不要拍打，否则会刺激到红肿肌肤。

3 用化妆水浸湿新的化妆棉，在两颊、鼻翼、红肿脱屑最严重部位湿敷约5分钟。

4 将双手手掌相互进行搓揉，直到掌心开始有温热感。

5 利用手掌的温度，轻轻抚按湿敷过的脸。

6 将玻尿酸保湿精华液轻轻按压在全脸，不需要特别加强按摩。

7 敷上保湿面膜，补充充分的水分，达到安抚镇静的效果，最后涂抹乳液。

护理环节（二）

夏日艳阳不再怕

✿ *清爽祛热，祛湿排毒*

艳阳、汗水、油腻，即使原本没有问题的肌肤，也会变得不再清爽，肤色晦暗，黑斑、痘痘不请自来。与其躲在空调房中让夏日擦肩而过，还不如一一击破阳光"咒语"，让肌肤重拾净透。

■ 晒后三天修复不容缓

晒后三天是肌肤修复的黄金期，在出行时期，建议每天晚上都要坚持做及时的修复工作，越早越好，错过修复时期，黑色素开始泛滥，当肌肤泛红、又油又干时，说明紫外线已经造成明显伤害了。

1 洁肤后厚厚敷一层冻膜，敷20分钟，快速镇静肌肤。

2 用双手中指和无名指的指腹，在全脸打圈做按摩。

3 将抗老精华倒在浸透化妆水的化妆棉上。

4 用化妆棉轻轻擦拭全脸。最后涂抹保湿凝露或啫喱。

■ 急于去角质会适得其反

晒后肌肤十分脆弱，同时会变粗糙，甚至红肿发炎，去角质护理要滞后，且不要使用高浓度美白产品，以及含酒精、水杨酸等成分的护肤品，以免刺激敏感肌肤产生过敏反应。待3天至1周后，根据肌肤状态酌情考虑是否可以去角质。选择果酸面膜、酵素类产品清理老废的角质。去角质后，不要立刻涂美白产品，应先涂抹一层乳液，减缓美白产品的刺激。

■ 黑美人变白天鹅

一般曝晒两小时左右，紫外线UVA会引发急性红肿或晒黑现象，而慢性晒黑则是由UVB造成，一般在2、3天后出现。黑色素随着身体代谢再过3～7天内移到角质层，温和去角质后，再使用美白产品才能有效吸收。想要加速白回来，可以在夜间加强使用美白精华液等。局部湿敷来淡斑、改善发黄肤色，也适合经常出差的女性快速恢复活力肌。

1 取5滴精华液，混合加入少量维生素C粉末调匀。精华液选择延展性较好，不过于黏稠的。

2 先把面膜纸用蒸馏水或无表面活性剂的化妆水浸湿，取混合后的精华液均匀涂在脸上，再把面膜纸贴上。可再贴上保鲜膜促进吸收。

■ 日晒令眼角细纹加深

脆弱的眼部肌肤保水能力本来就低于其他部位皮肤的锁水力，夏季阳光中的紫外线强度高于其他季节，如防护不周，眼周肌肤会更加干燥，皮肤失去弹性，老化速度会更快。如果感觉日晒令眼角小细纹或鼻翼法令纹有加深的情况，那么在白天做好防晒工作的基础上，夜间可以选用有保湿紧致效果的眼霜对眼周肌肤进行特殊的护理。

1 先用指腹轻轻地在眼周的干纹处敷上薄薄一层眼霜。

2 剪几片大小合适的棉片，用保湿喷雾把棉片喷成湿润不滴水的状态敷在纹路上。

3 敷3～5分钟取下棉片，用指腹逆着纹路方向轻轻按摩，注意不要来回推。

■ 将保湿进行到底

紫外线会起到"收敛"皮脂腺的作用，让干性肌肤更干燥，代谢能力减弱，老废角质大量增生并堆积于肌肤表层，让肌肤的触感变得粗糙不堪，肤色黯淡，失去健康光泽，毛孔也愈发明显。毫无疑问，导致夏日肌肤干燥的元凶就是紫外线，紫外线不仅能使肌肤产生大量黑色素，加速氧化，还会直接成为肌肤水润的最大阻碍。出门之前一定要涂抹足量的防晒产品，如果一直在户外活动则需每两小时补涂一次。晚上回到家后，加强保湿护理，后续的美白、抗老化产品才能真正起作用。

敷厚厚一层

1 夏日晒后肌肤易燥热疲乏，日晒3小时后，用清爽的水状或啫喱状保湿产品，通过补水使肌肤恢复活力。

2 晚上可以厚敷一层啫喱质地的晶露，用热毛巾或热水杯靠近脸部，利用水蒸气帮助打开毛孔的吸收通道。

3 可以用保鲜膜覆盖脸部，促进保湿成分的渗透。

■ 夏日杜绝油田肌

夏日气温高，激素水平异常，皮脂功能紊乱，油性肌肤会变得更油腻。阳光中的紫外线会刺激皮脂腺活跃程度，使出油量增加，附着于肌肤表面的皮脂，若无法及时清洁便会被空气氧化，肌肤看起来暗哑油腻。夏日控油的重心是抑制皮脂腺过分活跃，从根源着手，使用一些酸类焕肤成分或皮脂腺抑制成分来分解皮脂，减少出油量。

日常饮食要多吃清淡食物，由内调理出清爽体质。

护理环节（三）

秋燥，皮肤不"燥"

✡ 平衡补水，平和润肤

秋季天干物燥，温差大、紫外线强、秋风骤起，疲于应对换季的肌肤也随之变得更不稳定，敏感而脆弱。同时，秋季是皮肤病多发季节，如过敏性皮炎、湿疹等。

■ 入秋保湿不可怠慢

秋天几乎成了"干燥"的代名词，而由于皮肤是人体最大的器官，所以"秋燥"也自然会第一时间从皮肤状态反映出来。抵抗干燥的一个重要环节就是使用保湿化妆水。但是无论化妆水还是精华液，仅仅用手涂抹会无法达到较好的保湿效果的。借助化妆棉湿敷高保湿化妆水，可以软化角质，使后续保养成分更好吸收，而且根据化妆水功效的不同，湿敷还能达到更多的附加效果。干性肌肤只依靠化妆水，还需要加入精华和面膜，才能真正帮助肌肤锁住水分不被蒸发。

1 洁面后，用热蒸汽熏蒸面部，使角质软化有利于吸收后续的保养产品。

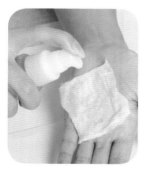

2 用含透明质酸的滋润型化妆水充分湿润化妆棉，滋润度务必要足够，手捏有轻微的水分跑出来才是最佳的湿润度。

3 将湿润的化妆棉尽可能的延展，最好能盖住全脸区域。如果化妆棉不贴肤，可以用矿泉喷雾补足湿润度。敷5～8分钟，趁化妆棉还湿时就取下，如果敷到干了才拿掉，会让肌肤水分蒸发更严重。

4 干燥空气也会从面膜中抢夺水分，因此建议敷上面膜后再包一层保鲜膜，以防止水分流失，同时通过温热肌肤提升皮肤的吸收力。

■ 外油内干肌肤要除燥

秋季皮肤爱出油，多数情况是干燥造成的。角质层缺少保湿因子与皮脂腺分泌出油过度是"外油内干"肌肤的典型症状，最好的改善方式是进行深层的保湿和锁水。

1 取约一元硬币大小的特润霜于手背，用刷子蘸取厚一些涂抹在面部。

2 将保鲜膜剪开呼吸口覆盖在脸上，也可以选用专门的蒸汽面罩，提升吸收率。

3 热敷10分钟后，用清水洗净面部，或用化妆水浸湿化妆棉擦拭面部。

4 最后涂抹上保湿锁水的乳液或乳霜，起到锁水保湿的作用。

■ 夏末初秋治理晒斑

夏天过去了，晒斑变得更多，如果不进行修复，到了干燥的秋季会变得更深，形成黑斑。在做好补水保湿的前提下，每天早晨喝一杯蜂蜜水滋润调养。晚上进行美白淡斑。内服外用要双管齐下。

1 在有晒斑的部位用化妆棉轻轻擦拭上有美白功效的化妆水，擦拭一遍拍打一遍。

2 在刚才用过的化妆棉上倒上适量美白精华进行湿敷，用量比平时稍微多一些。

3 湿敷10分钟，取下化妆棉，涂美白功效的乳液，将美白成分层层"压"进肌肤中。

■ 面膜不是贴上去就行

　　天干物燥，保湿成为了肌肤的头等问题。虽然增加了面膜的使用次数，可不一定就能解决肌肤干燥、黯沉的问题，使用面膜也要讲究技巧。夜晚是皮肤的"美容黄金时间"，此时的皮肤细胞更加活跃，吸收美容成分更有效，胶原蛋白合成能力也更强，这个时候敷面膜吸收力是最好的，深入渗透的美容精华能更充分地发挥功效，使肤质获得更大提升。

1 肌肤表面老废角质堆积会阻碍护肤营养的吸收，可以先选用能清除老废角质及氧化废物的去角质面膜。

2 敷面膜前先涂一层基底精华作为诱导体，有助面膜中的精华成分加速渗透，也可以在敷膜后，趁肌肤还充满水分的时候，使用美白精华，让效果翻倍。

3 B族维生素能加速脸上老废角质的排出，尤其适合干燥和易敏感的肌肤。敷面膜前，使用含B族维生素成分的护理品，可以帮助肌肤细胞更新。

4 温度对面膜来说很重要，理想的面膜温度应在25℃左右，温度过低活性不够。片状面膜可以先用温水加温，霜状面膜先在手心温热后再敷在脸上。如果室内温度较高，为了不让肌肤出油量增加，就要缩短敷面膜的时间。

5 敷上面膜后，用热毛巾热敷前、后脖颈各3分钟，然后再用热毛巾盖在面膜上，让毛孔充分打开，使面膜中的精华成分能充分深入肌肤。

6 取下面膜后不要置之不理，用双手轻轻按压肌肤，并捂住全脸来促进养分的渗透。可以在敷面膜时再覆盖一层保鲜膜，通过"密闭升温"作用，提升肌肤吸收力。

■ 唇部也要"喝饱水"

秋天嘴唇容易变得干燥脱皮，唇部本身没有汗孔，没有皮脂腺，所以对秋季日趋干燥的空气、低温等环境自然就特别敏感。涂抹了润唇膏还是起皮的话，首先可能是唇部没有去角质，"死皮"挡住了润唇膏被唇部吸收的"通道"。其次秋季唇部的干燥情况较严重，只是简单涂润唇膏是不够的。

1 有条件可以买一些专门唇部去角质的产品使用，用温热的水浸透化妆棉在唇上盖1～2分钟。

2 洗澡后，待唇部的角质有所软化，再用棉棒蘸温水揉搓掉唇部死皮。

3 将蜂蜜在嘴唇上涂成一层，保留大约15分钟，再拭擦干净涂上护唇膏。

4 切下一小段润唇膏用保鲜膜包好，放在微波炉中加热至其融化，然后将融化了的唇膏膜贴在嘴唇上，20分钟后取下。

■ 换季保养对号入座

入秋，干性皮肤明显呈现出缺水状况，给皮肤补充大量的水分是解决紧绷、干纹的最佳方式。对于补多少水都不解决问题的"沙漠肌"，大量补水的同时更要注意锁水。特别是对于怎么补水也不"解渴"的干性皮肤，在秋季要使用保湿精华深层滋养。

混合肤质夏天以控油为主，到了秋季应换用温和洁面品和不含酒精的化妆水。补水保湿是秋季最重要的任务，对于混合型皮肤，早上用相对清爽的保湿乳液，晚上用保湿面霜滋养。可以增加保湿面膜的使用次数。

油性肤质的人一般对黏腻的滋润配方比较排斥，担心阻塞毛孔。其实缺水会以出油来补，而缺油则会加剧水分流失，加上换季更容易让肌肤大量流失水分。少量油分能在肌肤表面形成保护膜，对内防止水分流失，对外抵御外界环境的刺激。

要找到真正适合自己的护肤方法。

■ 秋季进补要让皮肤"吃"进去

秋季可以使用高营养的保养品滋养。但肌肤并不是所有时候都适合"进补"的，护肤品中的营养若滞留在皮肤的表面，会造成"皮肤氧化"的后果。

1 角质层厚厚堆积会阻碍营养渗透，首先要彻底清洁皮肤，然后用富含油脂的去角质产品软化角质层。

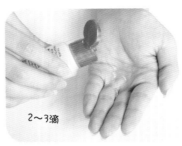

2～3滴

2 涂抹保湿化妆水和精华液，滴2～3滴护肤油在手掌中匀开并加温后，用双手包裹面颊按压至脸部，提升渗透率。

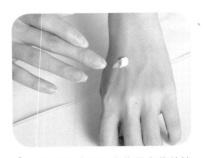

3 肌肤敏感时不宜使用高营养护肤品。可选用抗敏感乳液，含水量较高，调节保水度，使敏感皮肤逐步适应护肤品。

■ 秋季防晒不容小觑

秋季，紫外线的"杀伤力"丝毫没有比夏季减弱。外出防晒依然非常重要。回家后无论是否感觉肌肤不适，也要通过冷护理来安抚肌肤，迅速补充表皮流失的水分，避免导致黑斑等老化问题。

1 用温和的洗面产品清洁皮肤，待皮肤冷却之后要大量地补水。

2 晒后修护喷雾可以起到很好的缓解作用，并且能被肌肤迅速地吸收。

3 用化妆水将化妆棉完全蘸湿，放在冰箱冷藏10分钟后取出，湿敷发红、发烫部位。

4 鼻尖、额头与双颊等容易脱皮的地方，更可以用冰凉的化妆棉敷10分钟。

护理环节（四）

冬季养出水润肌

❀ 滋润防燥，补水亮肤

冬季的干燥与寒风，伴随着皮肤油脂分泌量减少，身体血液循环和新陈代谢速度趋于迟缓；裸露在外的脸部每一寸肌肤都面临干燥、粗糙、过敏、皱纹加深、脱皮等肌肤问题困扰。

■ 温热补水是真谛

虽然化妆水并不具有高效保湿功能。但作为后续精华的载体，选择一款蕴含维生素C诱导体成分的化妆水是必要的。为了让化妆水彻底地深入肌肤，要涂抹3次。

1 洁面后，取一元硬币大小的维生素C诱导体成分化妆水，用双手轻轻横向涂抹。

2 再取一元硬币大小的化妆水，用指腹垂直拍打涂抹肌肤。鼻翼、唇部周围轻压。

3 然后将黄豆大小量的化妆水在手掌里相互摩擦，产生热量，即使量少也能渗入肌肤。

4 化妆水变得温热后，用手掌按压肌肤，在双颊用手一点点滑动涂抹。

5 手指呈"V"字形，在眼睛内侧与外侧轻轻涂抹，这个部位很容易变得干燥。

6 握空拳，用第二关节部分按压面颊。重复步骤2～4的动作，加强保湿力度。

■ 美容液要"按"进去

美容液一般都具有高浓度高效营养成分，易于被肌肤吸收利用。冬季肌肤干燥、脆弱，正需要高滋润和高保湿效果的护肤品来呵护。另外，在使用乳液、乳霜时，取用量控制在黄豆粒大小的程度即可，分区涂抹，以皮脂腺较少的眼唇周围、易干燥的U区为重点，辅以美容指轻拍的手法涂抹。

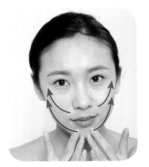

1 取适量美容液在手指上，用指腹呈螺旋状按摩全脸，从内侧向外侧涂抹。

2 鬓角部位就是排毒"垃圾袋"，呈螺旋形由下向上按摩，在太阳穴前方按压。

3 拇指放在下颌内侧作为固定点，用中指在眼睛周围呈圆形涂抹，按摩三圈。

4 使用双手从下向上按摩额头，如同将额头横向皱纹拉伸般的按摩是关键。

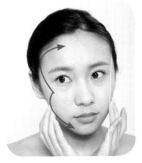

5 用拇指饱满的部位放置在面颊骨下方，向上托肌肤，慢慢地呈圆形按揉。

6 将拇指放在下颌内侧，示指的侧面沿着法令线的轮廓，向外提拉。

7 从额头到下颌，用指腹轻轻地叩打。如同写数字3般反复叩打5次左右。

8 用温热的毛巾放置在面部蒸脸30秒。

■ 护肤油"助消化"

到了冬天，很多人会涂好几层保养品才安心，但皮肤是否能充分吸收？由于肌肤属于亲油性，护肤油含有肌肤所需的各种油脂类成分，特别适合冬日肌肤的保湿。洁面后先用护肤油，拉近护肤品和肌肤的桥梁，一旦角质层调理平整，肌肤通道打开，之后再使用精华、面霜等，吸收效果就会加倍。

预热

按压抹上

促进循环

1 为了让护肤油更好地被肌肤吸收，还应先在掌心预热，

2 用温热的手掌略微用力地包住脸颊、额头、下巴，促进护肤油的吸收。

3 用温热毛巾在敷脸3分钟，能加速血液循环、扩张毛孔。

■ 冬日肌肤也要"保暖"

冬天，涂在皮肤表面的乳液吸收得越来越慢，护肤品的功效也因此大打折扣。我们应该采取一些"温暖"的护肤方法，为"冷藏"的肌肤升温。

唤醒乳液

1 涂抹乳液或面霜前，先挤到掌心，双手合起来稍稍温热一会儿，再充分打开涂抹在脸上，更有利于皮肤吸收。

2 使用纸面膜前，先放到温水中泡一小会儿再敷，温暖的面膜会让其中的成分更快渗入皮肤。

3 逆着脸部轮廓自下而上轻轻提拉肌肤，用掌温加速吸收，同时通过按摩加速血液循环和微循环。

4 手掌在额头、下巴、脸颊处轻压数秒，不要遗漏任何一个部位，让整张脸都得到精心的呵护。

附录

拨开护肤品迷雾，
无妆胜有妆

✪ 纠结于化妆水到底用手涂好，还是用化妆棉涂？

用什么方式涂化妆水要看产品本身的质地或是用途，如质地清爽的二次清洁用化妆水最好用化妆棉涂抹。用手来涂抹化妆水，可以节省化妆水的用量，同时手的温度可以促进肌肤对于化妆水的吸收。但是如含有果酸、水杨酸等去角质成分的二次清洁化妆水，虽然倒在化妆棉上感觉会有点浪费，但这个方法既让肌肤不容易受到刺激，又可以将老废角质擦拭掉。

✪ 选择了价格贵的美白化妆水，而且质地稠厚，一瓶就足够解决黯沉、干燥问题了？

事实上，大部分保养品的主要成分是水。化妆水中90%以上的成分是水，其中有效成分的浓度通常不超过3%，就算是美白化妆水，主要目的还是清理皮层及柔软角质。所以，仅仅靠一瓶"水"来改善肌肤问题是不现实的。另外，化妆水和睡眠面膜质地黏稠，除了添加了大分子透明质酸，更多的是添加了胶质成分，这些必要成分对于美容并没有什么功效。也就是说不能根据质地来辨别产品优异性。如果想要提高保湿度，需要后续通过保养品补充油分，也可以选择营养成分更丰富的美容液，即高机能化妆水。

✪ 所有含有酒精的护肤品都会刺激肌肤？

酒精在护肤品中是一种常用成分，经常用来作为溶剂，爽肤水、面霜、精华都可能含有酒精，具有促进养分吸收、清理角质等功效。不可否认酒精有一定的刺激性，但可以消炎杀菌、抗炎收敛。特别是对于油脂分泌过多、毛孔粗大的肤质。所以，不要见到"含酒精"就色变。过量或大面积使用会对皮肤产生刺激，还会消耗皮肤水分。不过适量使用，不但能帮"大油田"去除油腻，换来清爽，还能清洁毛孔，消除痘痘炎症。

✡ **去皱护肤品真的像宣传的那样神奇?**

众所周知，老化是无法逆转的自然规律，不论护肤品的成分多昂贵、宣传有多神奇，都不能替代整形科医生的妙手回春。虽然并不存在真正意义上可以去皱的产品，但是通过坚持防晒与保养，选择含维生素等抗老化成分的护肤品，可以预防皱纹的出现，延缓老化速度。

✡ **不化妆，所以就不需要用卸妆品?**

卸妆产品并不仅仅为了卸除彩妆，防晒和隔离等护肤品大多数都含有普通洁面品无法彻底清除的成分。出门前涂抹隔离防晒霜，或修饰毛孔能问题的遮瑕产品等，回家也应该先卸妆。当然，只要用较温和的卸妆水和卸妆乳就可以了，让肌肤清爽无负担。

✡ **只有选择"不含防腐剂""无香料"的无添加产品就可以放心使用?**

很多和护肤品都借"不含防腐剂""不含香料"等"无添加"字样来吸引顾客。所谓不含防腐剂通常只是不含常规的苯甲类、苯氧乙醇等。而一些本身用于保湿的成分在大量添加时就会起到防腐效果，如多元醇，所以从另一方面来讲这些成分同样属于防腐剂。虽然市面上也有不含防腐剂的类型，比纯油类，或者真空瓶、胶囊等密闭包装的，但只限于少数。其实，防腐剂的添加大多数时都很安全，不必盲目选购标榜不含防腐剂的产品。另外，护肤品不添加香料，主要是针对对香料过敏的敏感肌肤，正常情况下香料对肌肤并不会造成影响。相反，香味还会有舒缓身心的效果，从而间接起到美容辅助功效。

精品图书榜

美型系列精品图书推荐

《不化妆不出门》

从妆前到妆后，找到通往
妆容零瑕疵的捷径。

定价：29.90元

《基础造型108秘诀》

化妆、发型、美甲、穿搭
综合扮美技巧一本通。

定价：29.90元

《美容圣经》

3500个护肤、彩妆、发
型、美甲精髓大全。

定价：35.00元

《潮人服饰500搭》

人手必备的美丽装扮工具
书，让穿搭变得更简单。

定价：29.90元

《基础裸妆108个秘诀》

运用最自然的细节变化打
造宛如天生的无瑕妆容。

定价：29.90元

《基础立体妆108个秘诀》

为亚洲女性量身定做的提
升五官立体感美妆宝典。

定价：29.90元